Thermoelastische Verformungen von Werkstücken aus Leichtmetall bei der Trockenbearbeitung

Von der Fakultät für Maschinenwesen
der Rheinisch-Westfälischen Technischen Hochschule Aachen
zur Erlangung des akademischen Grades eines
Doktors der Ingenieurwissenschaften
genehmigte Dissertation

vorgelegt von

Sergio Eduardo Moreno Macedo

Berichter:

Univ.-Prof. Dr.-Ing. Christian Brecher
Univ.-Prof. Dr.-Ing. Dr.-Ing. E. h. Dr. h. c. Dr. h. c. Fritz Klocke

Tag der mündlichen Prüfung: 12. August 2015

ERGEBNISSE AUS DER PRODUKTIONSTECHNIK

Sergio Eduardo Moreno Macedo

Thermoelastische Verformungen von Werkstücken aus Leichtmetall bei der Trockenbearbeitung

Herausgeber:
Prof. Dr.-Ing. Dr.-Ing. E. h. Dr. h. c. Dr. h. c. F. Klocke
Prof. Dr.-Ing. Dipl.-Wirt. Ing. G. Schuh
Prof. Dr.-Ing. C. Brecher
Prof. Dr.-Ing. R. H. Schmitt

Band 45/2015

Fraunhofer
IPT

Bibliografische Information der Deutschen Nationalbibliothek
Die Deutsche Nationalbibliothek verzeichnet diese Publikation in der Deutschen Nationalbibliografie; detaillierte bibliografische Daten sind im Internet über http://dnb.ddb.de abrufbar.

Sergio Eduardo Moreno Macedo:

Thermoelastische Verformungen von Werkstücken aus Leichtmetall
bei der Trockenbearbeitung

1. Auflage, 2015

Gedruckt auf holz- und säurefreiem Papier, 100% chlorfrei gebleicht.

Apprimus Verlag, Aachen, 2015
Wissenschaftsverlag des Instituts für Industriekommunikation und Fachmedien
an der RWTH Aachen
Steinbachstr. 25, 52074 Aachen
Internet: www.apprimus-verlag.de, E-Mail: info@apprimus-verlag.de

KN Digital Printforce GmbH, Stuttgart

ISBN 978-3-86359-367-4

D 82 (Diss. RWTH Aachen University, 2015)

Vorwort

Die vorliegende Arbeit entstand größtenteils während meiner Tätigkeit als wissenschaftlicher Mitarbeiter am Werkzeugmaschinenlabor (WZL) der Rheinisch-Westfälischen Technischen Hochschule Aachen.

Mein Dank gilt meinem Doktorvater Prof. Dr.-Ing. Christian Brecher, der mir diese Arbeit ermöglichte. Die fachlichen Anregungen und Beiträge, aber besonders sein Vertrauen waren sehr wertvoll. Herrn Prof. em. Dr.-Ing. Dr.-Ing. E. h. Dr.-Ing. E. h. Manfred Weck danke ich für die Aufnahme an seinem ehemaligen Lehrstuhl für Werkzeugmaschinen und die Möglichkeit, ein umfangreiches Wissen zu erlangen. Herrn Prof. Dr.-Ing. Dr.-Ing. E. h. Dr. h. c. Dr. h. c. Fritz Klocke danke ich nicht nur für die Übernahme des Koreferats, sondern auch für die kritische Durchsicht und die wertvollen Hinweise.

Dem brasilianischen *Conselho Nacional de Desenvolvimento Científico e Tecnológico (CNPq)* und dem Deutschen Akademischen Austauschdienst (DAAD) danke ich für die finanzielle Unterstützung in Form eines Stipendiums.

Zahlreiche Mitarbeiterinnen und Mitarbeiter des Instituts haben maßgeblich zum Gelingen dieser Arbeit beigetragen. Mein Dank gilt dabei meinen ehemaligen Oberingenieuren Dr.-Ing. Markus Krell, Dr.-Ing. Marcus Queins, Dr.-Ing. Falco Paepenmüller und insbesondere meinem ehemaligen Kollegen Marc Marpert. Für das Engagement bei diversen Untersuchungen bedanke ich mich bei meiner ehemaligen studentischen Hilfskraft Waldemar Maly. Die finale Unterstützung und Durchsicht der Dissertation wurde maßgeblich durch Dr.-Ing. Werner Herfs und Stephan Bäumler gewährleistet.

Für die kritische Begutachtung des Manuskriptes, die zahlreichen und wertvollen Anregungen aber auch den Ansporn, bin ich Dr.-Ing Jochen Wolf und insbesondere Prof. Dr.-Ing. Gerhard Petuelli und Maria Petuelli zu Dank verpflichtet. Ich danke Gabrielle Juch, Carina Wondrascheck, Sophie Kralenetz und insbesondere Evelin Stahr für die Korrektur der Grammatik und Rechtschreibung.

Ganz besonders danke ich meinen Eltern, Lídia und Waldemar, die meine Ausbildung vom ersten Tag an gefördert und diese Promotion ermöglicht haben. Leider konnten sie diese nur aus großer Entfernung miterleben.

Mein größter Dank gilt jedoch meiner lieben Frau Grasiella und meinen Kinder João Vitor und Maria Eduarda. Sie mussten in dieser Zeit auf viele gemeinsame Erlebnisse verzichten, haben mir jedoch geduldig den Freiraum gegeben, der nötig war, um diese Dissertation zu erarbeiten und abzuschließen.

Meinem Vater, der leider diesen besonderen Moment nicht mehr verstehen wird, widme ich diese Arbeit.

Aachen im August 2015 Sergio Macedo

Inhaltsverzeichnis

Content

Formelzeichen und Abkürzungsverzeichnis

Formula Symbols and Abbreviations

Großbuchstaben

A	m²	Fläche
A_B	m²	Bohrmantelfläche
A_1	m²	Fläche des Strahlers 1
C	J/kgK	Matrix der Wärmekapazität
C_p, C_{pk}	-	Prozessfähigkeitsindizes
E	N/mm²	Elastizitätsmodul
F_0	-	Prüfgröße einer Varianzanalyse
F_{krit}	-	kritischer F-Werte eines F-Tests
F_c	N	Schnittkraft
F_f	N	Vorschubkraft
H_0	-	Nullhypothese der Statistik
H_1	-	Alternativhypothese der Statistik
K	-	Übertragungsbeiwert Verzögerungsglied
K_{th}	W/m³K	Matrix der Wärmeleitfähigkeit
M_d	Nm	Drehmoment
P_Q	- , %	Wärmeverteilung, Anteil der in das Werkstück fließenden Wärme
Q	J	Wärmemenge
Q_B	J	Wärmemenge pro Bohrung
$\dot{Q}$	W	Wärmestrom
$\dot{\mathbf{Q}}$	W/m³	Vektor der Wärmeströme
P_{kor}	mm	korrigierte Position
P_{mes}	mm	gemessene Position
P_{sim}	mm	simulierte Position
P_{soll}	mm	Sollposition
R_m	N/mm²	Zugfestigkeit
T	K, °C	Temperatur
T_0	K, °C	Temperatur zum Zeitpunkt Null
T_1	s	Zeitkonstant PT_1-Verzögerungsglied
T_1, T_2	K	absolute Temperatur der Strahler- und Empfänger-Oberfläche
T_F	K, °C	mittlere Temperatur im Fluid (außerhalb der Grenzschicht)
T_{M1}, T_{M2}	°C	Temperatur des Messobjekts vor und nach dem Temperatursprung
T_S	K, °C	simulierte Temperatur
T_{Sk}	K, °C	korrigiert simulierte Temperatur
T_t	s	Totzeit

$T_T(t)$	°C	angezeigte Temperatur zum Zeitpunkt t
T_W	K, °C	Oberflächen-, Wandtemperatur
$\dot{T}$	K/s, °C/s	erste zeitliche Ableitung der Temperatur
VB	mm	Verschleißmarkenbreite
W_c	J	Schnittarbeit
W_e	J	Wirkarbeit
W_f	J	Vorschubarbeit

Kleinbuchstaben

a	-	Konstante eines Thermometers
a	m²/s	Temperaturleitfähigkeit eines Materials
a_p	mm	Schnitttiefe
b	mm	Spanungsbreite
c_p	J/kgK	spezifische Wärmekapazität
d	mm	Durchmesser
e_{12}	-	Formfaktor zwischen Flächen 1 und 2
f	Hz	Frequenz
f	mm	Vorschub
f_z	mm	Vorschub je Zahn
l	mm	Länge, Abstand
l_0	mm	Anfangslänge, Referenzlänge (thermische Ausdehnung)
l_1	mm	Endlänge (thermische Ausdehnung)
l_b	mm	Bohrtiefe
l_c	m	Schnittweg
l_f	m	Vorschubweg
l_x	mm, µm	Länge Richtung x
m_A	kg, g	Werkstückmasse am Anfang der Bearbeitung
m_E	kg, g	Werkstückmasse am Ende der Bearbeitung
n	min^{-1}	Drehzahl
n_B	-	Anzahl Bohrungen
q	W/m²	Wärmestromdichte
$\dot{q}$	W/m³	Energiedichte einer Wärmequelle
r	mm	Radius
s	(Einheit)	Standardabweichung
t	s	Zeit
t_B	s, ms	Bearbeitungsdauer, Bohrungszeit
t_e	s	Endzeit
t_N	s, ms	Nebenzeit
t_s	s	Startzeit
$t_{0,5}$	s	Halbwertzeit
$t_{0,9}$	s	Neunzehntelwertzeit
t_v	s	Verzugszeit

v_c	m/min	Schnittgeschwindigkeit
v_f	mm/min	Vorschubgeschwindigkeit
$\bar{x}$	(Einheit)	arithmetischer Mittelwert
x, y, z	m, mm	kartesische Koordinaten
z	-	Zähnezahl

Griechische Buchstaben

α_a	mm/mmK	Wärmeausdehnungskoeffizient
$\alpha_ü$	W/m^2K, $W/m^2{}^\circ C$	Wärmeübergangskoeffizient
ε	-	Emissionsgrad
Δ	-	Differenz
$\eta(t)$	-	Übergangsfunktion eines Thermometers
λ	W/mK	Wärmeleitfähigkeit
μ	-	Querkontraktionszahl, Poissonzahl
μ	-	dimensionslose Variable
μ	-	Mittelwert
ρ	kg/m^3	Dichte
σ	W/m^2K^4	Stefan-Boltzmann-Konstante ($5{,}67\ 10^{-8}\ W/m^2K^4$)
τ	s	Zeitkonstante eines Thermometers

Abkürzungen

ANOVA	*Analysis of Variance* (Varianzanalyse)
CACE	*Computer Aided Control Engineering* (computergestützte Regelungstechnik)
CAD	*Computer Aided Design* (computergestützte Konstruieren)
CBN	*Cubic Boron Nitride* (kubisches Bornitrid)
CFK	carbonfaserverstärkter Kunststoff
DAU	Digital-Analog-Umsetzer
DoE	*Design of Experiments* (statistische Versuchsplanung)
FEM	*Finite Element Method* (Finite-Elemente-Methode)
HM	Hartmetall
HSC	*High Speed Cutting* (Hochgeschwindigkeitszerspanung)
HSK	Hohlschaftkegel
HPC	*High Performance Cutting* (Hochleistungszerspanung)
KSS	Kühlschmierstoffe
MKS	Mehrkörpersimulation
MMS	Minimalmengenschmierung

MMKS	Minimalmengenkühlschmierung
NC	*Numerical Control* (numerische Steuerung)
OFAT	*One-Factor-At-a-Time Method* ("ein Faktor nach dem anderen" Methode)
PKD	Polykristalliner Diamant
TCP	*Tool Centre Point* (Werkzeugmittelpunkt)
OSG	obere Spezifikationsgrenze
USG	untere Spezifikationsgrenze
XML	*Extensible Markup Language* (erweiterbare Auszeichnungssprache)

1 Einleitung

Die Debatte um die CO_2-Reduktion hat die Automobilhersteller vor eine sehr große Herausforderung gestellt. Mit der Verordnung (EG) Nr. 443/2009 des Europäischen Parlaments und des Rates vom 23. April 2009 wurden die CO_2-Emissionsnormen für neue Personenkraftwagen und leichte Nutzfahrzeuge festgesetzt. Es wurde ein Emissionsdurchschnitt für die Hersteller-Flotte von 130 Gramm CO_2 pro Kilometer festgelegt, ab 2020 muss dieser Wert auf 95 gCO_2/km gesenkt werden. Anders als von Umweltschützern gefordert (120 gCO_2/km schon ab 2012), kann das Ziel von 130 gCO_2/km zudem gestaffelt erreicht werden: bis 2012 müssen 65% der neuen PKW eines Herstellers, bis 2013 schon 75% und bis 2014 dann 80% diesen Grenzwert einhalten. Erst ab 2015 darf die Flottenemission diesen Grenzwert nicht überschreiten.

Um diese Ziele zu erreichen, sind große Anstrengungen seitens der Automobilhersteller notwendig. Der Einsatz von kraftstoffsparenden Technologien, neuen Motoren und deren Steuerungen sind dafür eine absolute Notwendigkeit, aber genauso wichtig ist die Reduktion des Fahrzeuggewichts. Eine Faustregel der Hersteller besagt, dass durch eine Einsparung von einem Kilogramm Fahrzeuggewicht die CO_2-Emission um 0,1 gCO_2/km reduziert wird. Das Thema Leichtbau in der Automobilindustrie ist dadurch gekoppelt mit der CO_2-Reduktion.

Die Problematik der Gewichtszunahme von PKW in den letzten 35 Jahren kann sehr gut am Beispiel des Volkswagens Golf verdeutlicht werden. Von der ersten Generation, mit einem durchschnittlichen Leergewicht von ca. 780 kg, bis zur sechsten Generation stieg das Leergewicht stetig um etwa 600 kg auf ca. 1380 kg. Das Plus von 600 kg führt zu einer um etwa 60 gCO_2/km höheren Emission. Die im Jahr 2012 vorgestellte siebente Generation war zum ersten Mal leichter als das Vorgängermodell. Das durchschnittliche Leergewicht sank um ca. 50 kg und liegt damit zwischen Generation IV und V.

Im Hinblick auf die Gewichtsreduktion werden verstärkt die Leichtmetalle Aluminium und Magnesium eingesetzt. Konventionelle Stähle werden zunehmend durch manganhaltige Leichtbaustähle mit höchsten Festigkeiten ersetzt und somit deren Gewichtsanteil reduziert. Konventionelle Kunststoffe finden in Karosserieanbauteilen schon lange Verwendung, wohingegen hochleistungsfaserverstärkte Kunststoffe im lasttragenden Strukturbereich heute vor allem im Premiumsektor eingesetzt werden.

Aus wirtschaftlichen und ökologischen Gründen wird bei der spanenden Bearbeitung von Leichtmetallwerkstücken zunehmend auf den Einsatz von Kühlschmiermitteln verzichtet, bzw. eine Minimierung derselben angestrebt (Minimalmengen-schmierung). Durch den reduzierten Einsatz von Kühlschmiermitteln wird die Wärmeeinbringung in das Werkstück erhöht, dies kann zu hohen thermisch induzierten Verformungen des Bauteils führen. Insbesondere bei Werkstücken mit komplexen Geometrien ist es deshalb schwierig, diese mit zunehmend engeren Toleranzen mit hoher Genauigkeit bei gleichzeitig hoher Produktivität zu fertigen.

Ziel muss es daher sein, die während der Bearbeitung entstehenden thermoelastischen Verformungen bereits im Prozessplanungsstadium zu bestimmen, um eventuell auftretende Geometriefehler frühzeitig erkennen und kompensieren zu können. Vorstellbar wäre, diese Verformungen kurz vor Abschluss der Konstruktion des Werkstücks zu simulieren, um eventuelle Änderungen (z.B. Verrippungen) frühzeitig einfließen zu lassen. Solche Änderungen können eine mögliche Verformung positiv beeinflussen.

In den letzten Jahren haben rechnergestützte Simulationsverfahren weite Verbreitung in den Bereichen Konstruktion und Fertigung gefunden. Die Anwendung der Finite-Elemente-Methode (FEM) bei der Konstruktion und Optimierung von Maschinenbauteilen ist mittlerweile zum Stand der Technik zu zählen; auch die Prozesssimulation, beispielsweise die Simulation des Zerspanungsvorgangs, entwickelt sich von einem rein akademischen Instrument zu einem wertvollen Werkzeug bei der Auslegung und Optimierung von Fertigungsprozessen und Zerspanungswerkzeugen. Neben der Simulation von Bearbeitungsmaschinen zur spanenden Fertigung und der Simulation des Spanbildungsprozesses rückt zunehmend die Simulation des Werkstückzustands während der Bearbeitung in den Mittelpunkt der Forschung. Dabei interessieren vor allem die thermischen Vorgänge im Werkstück, da thermische Verformungen gerade bei der Trockenbearbeitung für einen großen Fehleranteil der Fertigungsgenauigkeiten verantwortlich sein können.

Im Rahmen dieser Arbeit sollen insbesondere Leichtmetalle in die Betrachtung einbezogen werden, da in vielen Bereichen des Automobilbaus Al- und Mg-Legierungen verstärkt Anwendung finden, um Leichtbau und Leistungssteigerungen zu ermöglichen. Im Hinblick auf die Trockenbearbeitung eröffnen insbesondere Al- und Mg-Legierungen interessante Perspektiven, jedoch treten hier Probleme mit thermisch bedingten Werkstückdeformationen auf, da die Prozesswärme nicht durch Kühlschmiermittel abgeführt werden kann und deswegen verstärkt in Werkstück und Werkzeug einfließt. Es erscheint deshalb notwendig, insbesondere das thermo-mechanische Verhalten von Werkstücken aus Al und Mg während der Trockenbearbeitung näher zu untersuchen.

Diese Arbeit zielt darauf ab, durch numerische Simulationen der Bearbeitung, thermisch bedingte Deformationen des Werkstücks zu bestimmen und gegebenenfalls Methoden zu deren Kompensation zu entwickeln.

Dazu wird in **Kapitel 2** „Stand der Technik" zunächst über Leichtbau in der Automobilindustrie kurz diskutiert und die Technologie der Trockenbearbeitung beschrieben. Der thermische Einfluss und die Verformungen, sowohl der Werkzeugmaschine als auch des Werkstücks, werden dargestellt. Die Simulation der Bearbeitung der thermischen Verformungen und die thermischen Phänomene werden ebenso in **Kapitel 2** diskutiert. Daraus wird in **Kapitel 3** die Zielsetzung der Arbeit abgeleitet.

Die allgemeine Beschreibung und die Erfassung des thermischen Verhaltens von Werkstücken werden in **Kapitel 4** aufgearbeitet. Messtechnische Untersuchungen und Simulationen des thermoelastischen Verhaltens werden an geometrisch einfachen Werkstücken durchgeführt und in **Kapitel 5** aufgearbeitet. Die Einflüsse von Bearbeitungsparametern werden analysiert. Der Aufbau des Simulationsmodells, die Definition von Randbedingungen sowie der Einfluss von Simulationsparametern werden ebenso in **Kapitel 5** beschrieben und auf Basis der Simulationsergebnisse diskutiert.

Abschließend werden die Grundlagenuntersuchungen und Simulationen am Beispiel eines Getriebegehäuses in **Kapitel 6** angewendet. In **Kapitel 7** wird die Arbeit zusammengefasst und ein Ausblick gegeben.

Introduction

The subject of CO_2 reduction confronts the carmakers with a big challenge. Regulation (EC) No 443/2009 of the European Parliament and of the council of 23 April 2009 established CO_2 emission performance standards for passenger cars and light-duty vehicles. The regulations define an emission average of 130 gram CO_2 per kilometer for every carmaker fleet, which must further decrease to 95 gCO_2/km by 2020. Other than requested by environmental activists (120 gCO_2/km already in 2012), the target of 130 gCO_2/km could be reached in steps: by 2012, 65% of all new passenger cars of each carmaker, by 2013 75%, and by 2014 80%. By 2015 this fleet emission limit must be achieved by the carmakers.

To achieve these targets, all carmakers must put forth major efforts. The application of fuel-efficient technologies, new engines and their control systems are an absolute necessity. However, the reduction of the vehicle weight is just as important. A carmaker rule of thumb states, the reduction of 1 kg of weight reduces the CO_2 emission by 0.1 gCO_2/km. Therefore, lightweight automotive construction directly results in CO_2 reduction.

The problem of weight increase of passenger cars over the past 35 years can easily be seen at the example of the VW Golf. The first generation had an average weight of approx. 780 kg, and the sixth generation of approx. 1380 kg, thus there was an increase of around 600 kg. The additional 600 kg results in an emission increase of 60 gCO_2/km. The seventh generation, introduced in 2012, was lighter than the previous one for the first time. There was a decrease in average weight of approx. 50 kg, thus it lays between generation IV and V.

The use of light metals, such as aluminum or magnesium, has increased, thus weight reduction is achieved. Conventional steels are replaced more and more with manganiferous lightweight steels, with high tensile strength, in order to reduce weight proportion. Conventional plastic materials are quite often applied to body paneling, whereas high-performance fiber-reinforced synthetic materials are applied to high-load structures, primarily in the premium sector.

Because of economic and environmental reasons, the use of cooling lubricants during machining of light metal workpieces is increasingly becoming abandoned, or at least it is tried to be minimized (minimum quantity lubrication). Through the reduced use of cooling lubrication, there is an increase of heat introduction into the workpiece, which can lead to high thermal induced deformation of the workpiece. Particularly, workpieces with complex geometries are becoming more difficult to produce with high accuracy because of tighter tolerances and higher production requirements.

Therefore, it has to be the target, to preview the generated thermo-elastic deformation already during the planning phase or even during the construction phase of the workpiece, in order to predict and compensate potential geometry errors as early as possible. This deformation could be simulated shortly before finishing the construction of the workpiece in order to integrate potential changes (e.g. ribbing) as early as possible.

In the past years, computer aided simulations were used widely in design and manufacturing fields. The application of finite element analysis (FEA) during design and optimization of mechanical parts has become state of the art. Also process simulation, such as the simulation of machining processes, is developing from a pure academic instrument into a valuable tool for designing and optimization of manufacturing and tooling. Along with the simulation of machine tools and the chip formation process, the simulation of the workpiece status during the machining is getting closer to the spotlight of research. The main interest focuses on thermal occurrence within the workpiece, especially since the thermal deformation is mainly responsible for the large errors during dry machining.

This thesis specifically focused on light metals. Al and Mg alloys are increasingly used in the automotive industry in order to achieve lightweight construction and power enhancement. Dry machining offers interesting perspectives in particular with Al and Mg alloys. However, the workpiece still often deforms due to thermal effects. The process heat cannot be removed by cooling lubricants, but flows directly into the workpiece and cutting tool. Therefore, it is necessary to further investigate thermal mechanical behavior during the dry machining of workpieces, made of Al and Mg.

The aim of this thesis is, to detect workpiece deformations, by numerical machining simulation, which arise from the thermal effects and if necessary develop methods to compensate.

Chapter 2 “State of the Art” will shortly discuss light construction methods in the automotive industry and explain the technologies of dry machining. The thermal influence and deformation of the cutting tool and the workpiece will be shown. A simulation of thermal deformation and thermal phenomenon will also be discussed in **chapter 2**. The previous will be used to illustrate the objective of this thesis in **chapter 3**.

The general workpiece thermal behavior will be discussed in **chapter 4** Metrological investigation and simulation of the thermal-elastic behavior will be carried out with simple geometric workpieces. The results will be shown in **chapter 5**. The influence of machining and simulation parameters will be analyzed, as well as the simulation model parameters and the definition of boundary conditions. All of this will be discussed based on the simulation results.

Finally, in **chapter 6**, the fundamental investigation and simulation will be illustrated at the example of a gearbox. In **chapter 7**, the summary of this thesis and an outlook are going to be concluded.

2 Stand der Technik

State of the Art

Zur Abgrenzung der im Rahmen der Arbeit realisierten Forschungsarbeiten gegenüber dem Stand des Wissens werden im Folgenden zunächst die betroffenen Arbeitsgebiete beschrieben.

2.1 Leichtbau in der Automobilindustrie

Lightweight in the Automotive Industry

Wie bereits erläutert, werden im Automobilbau zur Verbrauchsminderung zunehmend Leichtmetalle eingesetzt. STAUBER [STAU06] sowie FRIEDRICH et al. [FREI08] haben die steigende Bedeutung der Leichtmetalle Aluminium und Magnesium ausführlich analysiert (**Bild 2.1**). Wie aus der Darstellung zu entnehmen ist, sinkt der Gewichtsanteil der Stahl- und Eisenwerkstoffe seit Jahren kontinuierlich. Im Gegensatz dazu wird der Anteil von Kunststoffen, als Karosserieanbauteile, wie auch die Anteile von Aluminium und Magnesium stetig größer. Hochleistungs-faserverstärkte Kunststoffe im lasttragenden Strukturbereich werden heute vor allem im Premiumsektor eingesetzt. Aluminium und Magnesium können den Fahrzeugleichtbau gezielt unterstützen [FREI08].

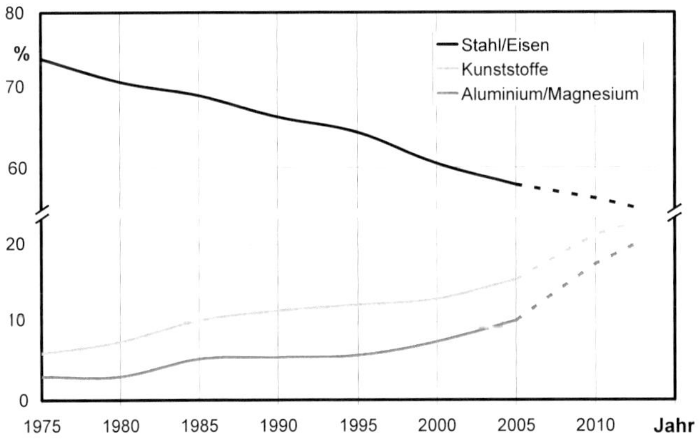

Bild 2.1: Entwicklung der Werkstoffe im Automobil - Gewichtsanteil [FREI08]
Development of materials in the automobile - weight share in percentage

Aktuellere Daten wurden für den US-Markt von Leichtfahrzeugen erhoben. Die von DAVIS et al. [DAVI14] vorgestellten Werte zeigen die gleiche, aber weniger stark ausgeprägte Tendenz (**Bild 2.2**).

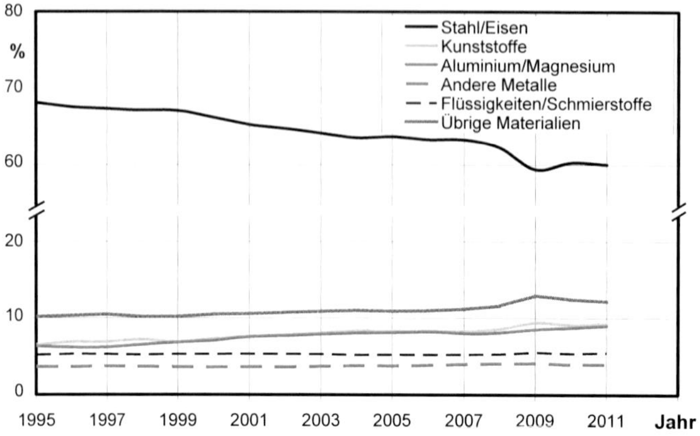

Bild 2.2: Durchschnittlicher Gewichtsanteil der Werkstoffe in Leichtfahrzeuge (US-Markt) [DAVI14]

Average weight percentage of materials in light vehicles (US market)

Zu beachten ist, dass die Dichte von legiertem Magnesium um etwa den Faktor vier, die Dichte von Aluminium etwa um den Faktor drei geringer als die Dichte von Stahl ist. Dieser Gewichtsvorteil kann nicht direkt genutzt werden, da das Elastizitätsmodul und die Festigkeit dieser beiden Werkstoffe ebenfalls deutlich kleiner sind (**Tabelle 2.1**). Daher wird Magnesium sehr häufig als Werkstoff für Gehäuse verwendet, wobei eine geeignete, werkstoffgerechte Konstruktion anzuwenden ist. FRIEDRICH et al. [FREI08] zeigt das Beispiel eines Tür-Innenteils aus Magnesium, bei dem eine Reduzierung der Masse um ca. 50% gegenüber Stahl erreicht wurde.

Tabelle 2.1: Eigenschaften von Stahl, Aluminium und Magnesium [CALL97]

Properties of steel, aluminum and magnesium

Eigenschaft	Niedriglegierter Stahl	Aluminium-Legierung	Magnesium-Legierung	Einheit
Dichte (ρ)	7,85	2,6 - 2,9	1,74 - 1,87	$\times 10^{-6}$ (kg/mm³)
Elastizitätsmodul (E)	207	69	45	$\times 10^{3}$ (N/mm²)
Querkontraktionszahl, Poissonzahl (μ)	0,30	0,33	0,29	-
Zugfestigkeit (R_m)	400 - 1200	90 - 570	160 - 365	(N/mm²)
Wärmeausdehnungskoeffizient (α_a)	11,1 - 12,8	18,0 - 24,5	25,0 - 27,0	$\times 10^{-6}$ (mm/mmK)
Wärmeleitfähigkeit (λ)	37 - 52	88 - 184	51 - 122	$\times 10^{-3}$ (W/mmK)
Spezifische Wärmekapazität (c_p)	450 - 500	920 - 970	960 - 1050	(J/kgK)

In vielen Serienfahrzeugen werden Achsträger, Getriebe- und Kübelgehäuse sowie Motorblöcke entweder aus Aluminium oder Aluminium-Magnesium-Legierungen eingesetzt. Solche Werkstücke werden meistens durch Guss- oder Druck-Guss-Verfahren hergestellt und anschließend mechanisch bearbeitet. Um die Brand- und Explosionsgefahr bei der Zerspanung von Magnesium zu reduzieren, wird dieser Prozess häufig mit sehr großen Volumenströmen von Kühlschmierstoff durchgeführt [ABEL07].

2.2 Die Technologie der Trockenbearbeitung

Dry Machining Technology

Die Technologie der Trockenbearbeitung kann heute in weiten Bereichen der Massenfertigung als Stand der Technik betrachtet werden. Bereits 1993 schrieben König et al. [KÖNI93] über die ökologische Herausforderung der Kühlschmierstoffe (KSS) an die Fertigungstechnik. Ökologische und ökonomische Probleme haben den Einsatz von großen Mengen an Kühlschmierstoffen bei einer Vielzahl von Bearbeitungsaufgaben in Frage gestellt. Heute wird der Verzicht auf Kühlschmierstoffe bei jeder neuen oder bestehenden Bearbeitungsaufgabe als Ziel angestrebt.

Die Hauptaufgaben der Kühlschmierstoffe bestehen darin, über Reibungsminderung entstehende Wärme zu reduzieren und über Kühlwirkung entstandene Wärme abzuführen. Dadurch erreicht man eine Reduzierung des Werkzeugverschleißes und eine Verbesserung der Oberflächenqualität der gefertigten Werkstücke. Darüber hinaus kommt den Kühlschmierstoffen die wichtige Aufgabe der Spanabfuhr sowie der Systemkühlung zu. So wird eine bessere Temperierung von Werkstück und Maschine unterstützt und das Einhalten von Toleranzen erleichtert. [KÖNI08], [WEIN98].

Trotz der Vorteile entstehen erhebliche Probleme beim Einsatz von Kühlschmierstoffen. Zum einen ist die Beeinträchtigung des Arbeitsumfeldes zu nennen. Das gesundheits- und umweltgefährdende Potential macht es notwendig, sich mit den ökologischen Aspekten der Fertigung auseinanderzusetzen. Zum anderen liegen die Kosten der Handhabung und der Entsorgung der KSS, je nach Werkstück, zwischen 7 und 17% der gesamten Fertigungskosten [KÖNI93], [WEIN98], [WEIN04a].

Mit dem Ziel, sowohl die ökologischen Konsequenzen des Einsatzes der Kühlschmierstoffe als auch eine ökonomische Beurteilungsbasis für den Umbau auf Minimalmengenkühlschmierung zu schaffen, wurde ein Simulationssystem entwickelt, mit dem die Stoff und Energieströme sowie die Komponenten von Produktionssystemen modelliert werden können [PETU02]. Damit können alternative Anlagenkonfigurationen analysiert und im Hinblick auf Investitionsentscheidungen abgesichert werden.

Zudem regulieren der Gesetzgeber und die Berufsgenossenschaften durch strenge Vorschriften den Gebrauch, die Handhabung und die Entsorgung der KSS. Einige Zusatzstoffe wurden komplett verboten, z.B. nitrosierende Agenzien und deren Vorstufen sowie sekundäre Amine dürfen in wassermischbaren bzw. wassergemischten Kühlschmierstoffen enthalten sein. Die Verwendung von anderen Stoffen wurde zudem stark eingeschränkt, unter anderem einige Biozide (3-Iod-2-Propinylbutylcarbamat und 1,2-Benzisothiazol-3(2H)-on), Lösemittel bzw. Lösungsvermittler (2-Butoxyethanol) oder Neutralisations- bzw. Korrosionsschutzmittel (2-Aminoethanol), mit Luftgrenzwert, Konzentrationsgrenze und Deklarationspflicht. Schutz- und Überwachungsmaßnahmen und die Entsorgung tragen entscheidend zu den hohen KSS-Kosten bei [KLOC96, VKIS13].

Der Einsatz der Trockenbearbeitung oder der Minimalmengenkühlschmierung (MMKS) senkt die KSS-Kosten maßgeblich. Außerdem erhöht die Reduzierung der KSS-Belastung am Arbeitsplatz die Zufriedenheit und damit indirekt die Produktivität der Mitarbeiter, das Gesundheitsrisiko wird gemindert. Das Unternehmen kann durch seine umweltverträglichere Produktion ein besseres Image bei den Kunden aufbauen [WEIN04a] und Entsorgungskosten sparen. **Bild 2.3** zeigt einen Überblick der Vorteile der Trockenbearbeitung.

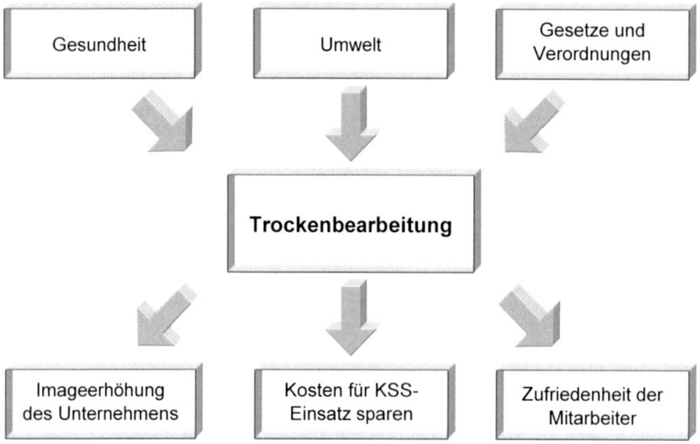

Bild 2.3: Vorteile der Trockenbearbeitung [WEIN04a]
Dry machining benefits

Die Umsetzung der Trockenbearbeitung kann nicht ohne weiteres durchgeführt werden. Fertigungsprozesse, Werkzeuge und Maschinen müssen an die neuen Belastungen angepasst werden. Unter trockenen Zerspanungsbedingungen sind die mechanischen, thermischen und chemischen Belastungen auf das Werkzeug viel höher und die Spanabfuhr stellt ein schwieriges Problem dar [WEIN04a], das nicht immer durch ein Neudesign des Arbeitsraumes in der Maschine gelöst werden kann.

Die höhere Warmhärte und Warmverschleißfestigkeit der heutigen Hartmetallsorten sowie hochharte Schneidstoffe wie kubisches Bornitrid (CBN), Keramik und Diamant erleichtern maßgeblich die Einführung der Trockenbearbeitung. Hinzu kommen die modernen Werkzeugbeschichtungen, die die Reibung und Adhäsion mindern und ein geringes Wärmeeindringvermögen besitzen [EISE00]. Für Bearbeitungsaufgaben, bei denen keramische Schneidstoffe zum Einsatz kommen, ist die Trockenbearbeitung schon lange Stand der Technik. Die hohe Thermoschockempfindlichkeit solcher Werkzeuge erfordert zwingend die Bearbeitung unter trockenen Bedingungen [KLOC96].

Infolge mangelhafter Arbeitsergebnisse kann eine reine Trockenbearbeitung oft nicht durchgeführt werden. Eine Minimalmengenschmierung (MMS) oder Minimalmengen-kühlschmierung (MMKS) ist bei einigen Fertigungsverfahren, wie dem Bohren, Reiben oder Gewindeschneiden, entscheidend für eine erfolgreiche Trockenbearbeitung. Das MMKS-Medium wird meist durch einen Luftstrom mit fein dispergierten Öltropfen auf die Werkzeugschneide gesprüht. Durch dieses so genannte Aerosol werden lediglich 10 bis 50 ml Schmierstoff pro Prozessstunde eingesetzt [WEIN98], [WECK05].

Beim Bohren z.B. von Aluminiumgusslegierung neigen die Späne zum Verkleben in der Spannut, so dass mit zunehmender Bohrungsanzahl die Spanräume zugesetzt werden. Dadurch wird ein höheres Bearbeitungsmoment aufgebaut, das unter Umständen zum Bohrerbruch führen kann. Um den Spanfluss zu gewährleisten, kann MMKS mit sehr gutem Erfolg als Alternative zur Nassbearbeitung betrachtet werden [EISE00], [KÖNI08].

Insbesondere zum Optimieren dieser kritischen Prozesse wurde die HSK-Werkzeugschnittstelle für die innere MMS-Zufuhr genormt, so dass die Grundlagen zum flächendeckenden und nachhaltigen Einsatz der *High Speed Cutting* und *High Performance Cutting* Technologien (*HSC* und *HPC*) geschaffen wurden [SIEG10], [KENN11]. Um die Probleme des partiellen Auszentrifugierens, der Depotbildung und der Entmischung des Aerosols insbesondere bei den hohen Spindeldrehzahlen in der HSC-Bearbeitung zu umgehen, wurde eine mechatronische Werkzeugaufnahme entwickelt, bei der die Aerosolbildung und Förderung in die Werkzeugaufnahme integriert ist [BART11]. Die industrielle Einsatzfähigkeit dieser Neuentwicklung wurde in umfangreichen Zerspanungsversuchen nachgewiesen.

Die Werkzeugmaschine und ihre Aggregate müssen ebenfalls an die neuen Bedingungen der Trockenbearbeitung angepasst werden. Die Funktionen des Kühlschmierstoffes wie beispielsweise Kühlen, Spanabfuhr, Schmieren auch anderer bewegter Bauteile und Korrosionsschutz sind nicht mehr gegeben. Das Maschinenkonzept muss unbedingt eine optimale Spanabfuhr gewährleisten, damit keine Anhäufung der heißen Späne im Arbeitsraum stattfindet und die Erwärmung der Maschinenelemente reduziert wird. Die Werkzeugmaschine soll konstruktiv so gestaltet sein, dass das thermische Verformungsverhalten minimiert bzw. im Sinne der thermosymmetrischen Konstruktion abschätzbar wird. MMKS- und

Sicherheitsaggregate müssen integriert werden [WEIN04a]. Da mit dem Entstehen gesundheitsgefährdender Emissionen wie Ölnebel bei der MMKS oder Metallstäuben gerechnet werden muss, sind geeignete Absaugvorrichtungen bei der Maschinenkonzeption zu berücksichtigen [WEIN98].

Im Vergleich zum Aluminium erfordert die Trockenbearbeitung von Magnesium die Beachtung von zusätzlichen Sicherheitsaspekten. Magnesiumspäne und -stäube brennen als Glimmbrand ab. Dabei können Temperaturen von bis zu ca. 3000 °C entstehen. Ablagerungen von Magnesiumstäuben z.B. auf Rohren können wie eine „Zündschnur" wirken und eine rasche Brandausbreitung verursachen. Von Magnesiumpartikeln kleiner als 500 µm geht bei Verwirbelung mit Luft Explosionsgefahr aus [MARP00].

Speziell für die Magnesiumbearbeitung wurde das im **Bild 2.4** gezeigte Systemkonzept entwickelt, bei dem die Späneförderung aus der Maschine pneumatisch erfolgt. Fein- und Grobspäne werden abgesaugt und durch ein Hochleistungszyklon von der Luft abgetrennt. Die Späne werden direkt zu Briketts gepresst und so die Menge leicht entzündlichen Materials auf ein Minimum begrenzt. Eine automatische Löschanlage gehört ebenso zu diesem Entwurf. Als Löschmittel kommen Argon oder z.B. ein für Magnesium geeignetes Personenschutzgas wie Inergen® in Frage. Zur Branddetektion sind thermische Gradient-, Infrarot- und Ultraviolett-Melder im Einsatz [MARP00]. Das in **Bild 2.4** dargestellte Konzept wurde am WZL der RWTH Aachen im Rahmen des EU-Projekts „Ecosystems" aufgebaut und erfolgreich erprobt [MARP00]. Ausgereifte Teilkomponenten für die Produktionstechnik sind verfügbar [RUF10].

Die Umstellung auf Trockenbearbeitung ist abhängig von der Kombination von Werkstoff und Verfahren sowie den Qualitätsanforderungen an die Werkstücke. Die Berücksichtigung von Wärmeerzeugung, Spanabfuhr und Prozesskinematik ist für jede neue Umstellung von Nass- auf Trockenbearbeitung zwingend erforderlich.

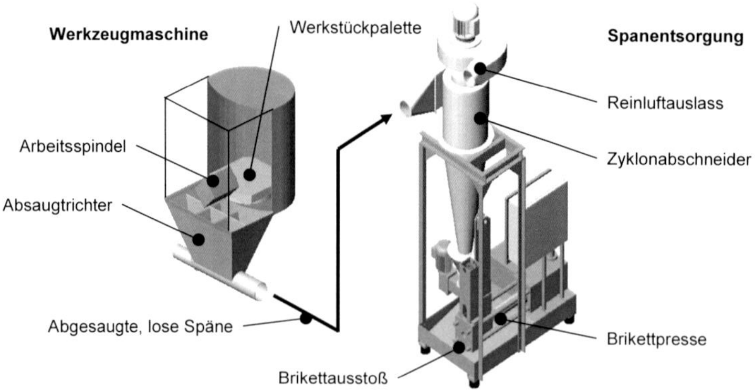

Bild 2.4: Maschinenkonzept zur Magnesiumbearbeitung [MARP00]
Machine concept for magnesium machining

Fräsen und Sägen sind im Prinzip für die Trockenbearbeitung sehr gut geeignet. Die Vorteile dieser Fertigungsverfahren ergeben sich aus der Kombination von unterbrochenem Schnitt, kurzen Spänen und guter Spanabfuhr. Drehen bietet eine sehr offene Schnittstelle, aber die Zerspanung von duktilen Werkstoffen erfordert die Optimierung der Werkzeuggeometrie und der Schnittparameter bezüglich besseren Spanbruchs.

Bei Operationen wie Bohren, Gewindeschneiden und Reiben in niedrig- oder hochlegierte Stähle sowie in Aluminium-Knet- und Aluminium-Guss-Legierung gestaltet sich die Umstellung auf Trocken- oder auch MMKS-Bedingungen schwieriger. Die Zerspanstelle ist schwer zu erreichen, die Spanabfuhr ungünstig und die Wärmeerzeugung höher. Reiben ist üblicherweise verbunden mit höherer Werkstückqualität, so dass hier oftmals nicht auf Vollstrahl-Schmierung verzichtet werden kann [WEIN04b], [KLOC96].

Als Alternative zur Vollstrahl-Kühlung wurden zum Verbessern der Oberflächenqualität, insbesondere der Gratbildung beim Planfräsen von Aluminiumlegierungen, erfolgversprechende Versuche mit CO_2-Kühlung durchgeführt [BIER09]. Der Einsatz von CO_2-Schnee führte zur nahezu vollständigen Kompensation der Prozesswärme, so dass die Fließspannung des Materials nicht herabgesetzt, die Gratbildung also verhindert wurde.

Aufgrund der hohen Energiedichte, der unzugänglichen Zerspanstelle und den extrem hohen Qualitätsanforderungen ist die Umsetzung der Trockenbearbeitung bei Verfahren mit geometrisch unbestimmten Schneiden sehr schwer zu erzielen. Einige Untersuchungen zeigen jedoch Potential für das Schleifen mit MMKS [WEIN04b].

Die Aufgaben der Kühlschmierstoffe wie Schmieren, Kühlen und Spülen sind bei der Trockenbearbeitung nicht vorhanden. Die höheren Reibungs- und Adhäsionsvorgänge zwischen Werkzeug und Werkstück und die nicht durch den Kühlschmierstoff abgeführte Wärme bedeuten eine stärkere thermische Belastung von Werkzeug, Werkstück und Maschine. Dies kann zu einer Beeinträchtigung der Maschine und der Werkstückgenauigkeit führen. Form- und Maßfehler sowie Randzonenveränderungen am Werkstück sind typische Folgen der Trockenbearbeitung. Bei der Auslegung des Bearbeitungsprozesses ist eine minimierte Wärmeeinbringung in das Werkstück zu berücksichtigen. Die Kontaktzeit zwischen Werkzeug und Werkstück kann durch höhere Vorschübe und Schnittgeschwindigkeit verringert werden. Die Geometrie und die Beschichtung des Werkzeugs tragen zur Reduzierung der Reibung, Adhäsion und Schnittarbeit bei. Kleine abzuspanende Volumen wie bei *„Near-Net-Shape“*-Teile haben bei der Trockenbearbeitung die Reduktion der Wärmeeinbringung zur Folge [KÖNI08].

2.3 Einfluss thermoelastischen Verhaltens der Werkzeugmaschine auf die Arbeitsgenauigkeit

Influence of Machine Tool Thermoelastic Behavior to the Operation Accuracy

Die Genauigkeit eines bearbeiteten Werkstücks hängt einerseits von den statischen und dynamischen Belastungen, andererseits und entscheidend vom thermoelastischen Verformungsverhalten der Werkzeugmaschine ab. Das statische und dynamische Verhalten von Maschine und Prozess und die Auswirkungen auf Arbeitsgenauigkeit und Leistungsvermögen waren Gegenstand umfangreicher Forschungsarbeiten und umfassten sowohl experimentelle als auch simulationstechnische Untersuchungen [BREC09b].

Einige Autoren betrachten das Gesamtwerkstück und versuchen dessen Qualität durch die Simulation des Bearbeitungsprozesses zu verbessern. Mit dem Ziel der Verbesserung der Fertigungsqualität beim Fräsen entwickelte BIMSCHAS [BIMS94] ein rechnergestütztes Simulationssystem zur Vorhersage des mechanischen Systemverhaltens von Maschine-Werkzeug-Werkstück unter dem Einfluss der Bearbeitungskräfte. Mit dem Modell wurden die Formabweichung des Werkstücks auf der Basis der Rohteilgeometrie, dem NC- Programm und den Randbedingungen aus Werkstoff und Vorrichtung berechnet. Basierend auf den Modellergebnissen konnten die Vorrichtung bzw. die Werkstückaufspannung, die Verfahrwege und die Bearbeitungsparameter (Vorschub-, Schnittgeschwindigkeit und Zustellung) optimiert werden. Die erzielten Ergebnisse deuten eine mögliche Verbesserung der Formabweichung an. Trotzdem wurden bei dieser Arbeit wichtige Einflussgrößen wie Eigenspannungen, dynamische Vorgänge und thermische Verformungen nicht berücksichtigt. BUßMANN [BUSS91] zeigt am Beispiel des Planfräsens gehärteter Werkstücke, dass ca. 50% der Formabweichung auf die Werkstückerwärmung zurückzuführen sind.

Das thermoelastische Maschinenverhalten, das aus inneren und äußeren Wärmequellen resultiert, wurde bisher im Wesentlichen experimentell bestimmt. Die Wärmequellen bedingen eine instationäre Temperaturverteilung innerhalb der Maschinenbauteile. Die damit verbundenen Relativbewegungen an der Bearbeitungsstelle erfolgen relativ langsam und verursachen somit Arbeitsungenauigkeiten, die sich allmählich über ein Fertigungslos bemerkbar machen. Dieses Verhalten wird durch eine Vielzahl konstruktiver und wärmetechnischer Faktoren bestimmt [WECK06]. Der Zusammenhang zwischen Wärmeentwicklung und Verformungsverhalten ist in allgemeiner Form in **Bild 2.5** zusammengefasst.

Insbesondere bei der Konstruktion von Werkzeugmaschinen muss während der Ausgestaltung von Gestellbauteilen das thermo-mechanische Verhalten berücksichtigt werden. Das thermoelastische Maschinenverhalten ist schon seit vielen Jahren Gegenstand unterschiedlicher Forschungsarbeiten. In mehreren Forschungsvorhaben wurde die thermo-mechanische Optimierung von

Werkzeugmaschinengestellen untersucht [WECK93], [WECK95]. Auf der Grundlage dieser Arbeiten konnten Konstruktionsregeln und Konstruktionskataloge erarbeitet werden, die dem Konstrukteur helfen, Gestellbauteile thermisch optimal zu gestalten.

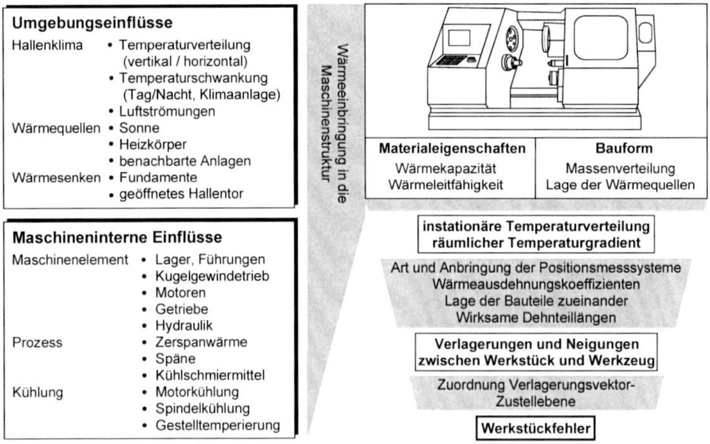

Bild 2.5: Ursachen für thermoelastische Verformungen [WECK06]
Causes of thermoelastic deformations

Neuere Arbeiten basieren auf strukturmechanischen Modellen, mit denen das thermische Verhalten von Maschinen simuliert wird. Es wird deutlich, dass hierzu umfangreiches Detailwissen über die Modellrandbedingungen, z.B. Wärmetransport und -leitung, und die thermischen Lasten benötigt wird. Dieses Wissen ist derzeit nur bedingt verfügbar. Besondere Probleme stellen die Koppelstellen und die darin stattfindende Wärmeübertragung und ihre Beschreibung dar [ZÄH10]. Insgesamt wird dargelegt, dass die strukturmechanischen Modelle zur Weiterverwendung im Rahmen der thermischen Simulation weiter entwickelt werden müssen, bevor sie in die Entwicklungskette integriert werden können.

Zum Koppeln von Maschine und Prozess wurden Modellversuche durchgeführt, bei denen die Methoden CACE (*Computer Aided Control Engineering*), MKS (Mehrkörpersimulation) und FEM kombiniert wurden [HEIS11]. Ziel war die Untersuchung der Wechselwirkung beim orthogonalen Zerspanprozess. Zunächst wurde nur die dynamische Wechselwirkung zwischen Zerspanung und mechanischer Maschinenstruktur modelliert und simuliert. Anschließend wurden die thermisch bedingten Einflüsse durch eine einfache Modellierung der im Wesentlichen balkenförmigen, schlanken Bauteile berücksichtigt. Damit können die thermoelastischen Verlagerungen der Maschinenstruktur simuliert werden, die prozessbedingten thermischen Verformungen des Werkstücks werden nicht nachgebildet.

Der Sonderforschungsbereich „Thermo-Energetische Gestaltung von Werkzeugmaschinen“ (SFB/Transregio 96) sucht nach einer systematischen Lösung für die genauigkeitsbedingte Grenze der Produktivitätssteigerung wegen des erhöhten Wärmeeintrags [SFB96]. GROßMANN [GROS12a], [GROS12b] stellt den Zusammenhang zwischen steigender Produktivität, erhöhtem Energieeinsatz, erhöhter Verlustleistung, zunehmender instationärer Temperatur- und Verformungsfelder mit sinkender Fertigungsgenauigkeit schematisch dar. Um die Genauigkeit auch bei gesteigerter Produktivität zu halten, werden konventionelle Maßnahmen wie z.B. Kühlung oder Klimatisierung praktiziert. Diese Maßnahmen führen dazu, dass der Energieeinsatz überproportional steigt und dadurch die Wirtschaftlichkeit sinkt.

Innerhalb des Forschungsprojekts sollen Lösungsansätze für die Steigerung der Energieeffizienz von Werkzeugmaschinen ausgearbeitet werden. Dafür werden zwei Forschungslinien verfolgt [GROS12a], [GROS12b]:

- thermisch bedingte Bewegungsfehler des *Tool Centre Point* (TCP) sollen durch noch zu entwickelnde, modellbasierte, steuerungsintegrierte Korrekturverfahren egalisiert werden,
- der Wärmeeintrag und die Wärmeübertragung zur Minimierung thermisch bedingter Fehlerwirkung sollen durch die noch zu erarbeitende gestaltungsintegrierte Kompensationslösungen gezielt beeinflusst werden.

Ein Beispiel für die erste Forschungslinie, eine mögliche Methode für die direkte Messung der thermisch bedingten Strukturverformung, wurde von BRECHER et al. [BREC12] vorgestellt. Sensoren aus carbonfaserverstärktem Kunststoff (CFK) werden direkt in Strukturteile der Werkzeugmaschine integriert und können damit Deformationen in ausgewählten Stellen parallel zum Fertigungsprozess messen. Da die CFK-Sensoren in den relevanten Temperaturbereichen ihre Länge beibehalten, können absolute Längenänderungen gemessen werden. Die Kompensation von komplexen thermo-elastischen Verformungen soll durch die Maschinensteuerung erfolgen. Dafür wird ein modellbasierter Lösungsansatz entwickelt und erprobt.

Innerhalb der Werkzeugmaschine wird die Wärme hauptsächlich durch die Motoren und den Prozess erzeugt. Ferner ist sowohl die Reibung anderer Maschinenelemente als auch das Hydrauliksystem für die Wärmeerzeugung verantwortlich (**Bild 2.5**).

Anders als bei elektro-mechanischen Vorschubantrieben kann bei Vorschubachsen mit Linearantrieben der Motor als Wärmequelle nur mit aufwendiger Kühlung gegenüber den Gestellbauteilen isoliert werden. Die Antriebselemente sind unmittelbar in die bewegten Einheiten integriert, so dass Temperaturänderungen unmittelbar zu Verlagerungen an der Wirkstelle führen können. Diese Vorgänge sind, im Gegensatz zu kurzzeitigen Bearbeitungsprozessen, quasi-stationär und verlaufen teilweise über mehrere Stunden. Zudem ist die Wärmeerzeugung aufgrund des geringeren Wirkungsgrads der Motoren größer als bei elektro-mechanischen

Systemen. Deshalb ist eine effektive Kühlung solcher Linearmotoren in Werkzeugmaschinen unerlässlich. In grundlegenden Untersuchungen wurden die Temperaturentwicklung und der Wärmefluss aus einem Linearmotor in die Umbauteile ermittelt und simulationstechnisch nachgebildet. Es konnte gezeigt werden, dass durch den Einsatz einer Flüssigkeitskühlung am Motor und von Isoliermaterialien zwischen Primär- bzw. Sekundärteil und den Bauteilen der Wärmefluss in die umgebende Maschinenstruktur deutlich gemindert wird [EUN99].

Eine optimale Gestaltung von Werkzeugmaschinen hinsichtlich ihres thermoelastischen Verhaltens verkleinert thermisch bedingte Bahnabweichungen und minimiert somit Geometriefehler der erzeugten Werkstücke. Völlig eliminieren lassen sich thermische Verformungen in Gestellbauteilen aber nicht. Deswegen wurden Methoden entwickelt, mit denen sich die im Betrieb einer Werkzeugmaschine entstehenden thermisch bedingten Verformungen kompensieren lassen.

Bei der so genannten direkten Kompensation thermisch bedingter Verformungen wird die Position des TCP zu gewissen Zeiten messtechnisch erfasst und durch die Abweichung zur Soll-Position Rückschlüsse auf die thermische Verlagerung gezogen [SCHÄ94]. Die notwendigen Messzyklen führen jedoch zu einer Erhöhung der Nebenzeiten, weswegen indirekte Kompensationsverfahren entwickelt worden sind. Dabei werden die Temperaturen in der Maschine an verschiedenen Stellen während der Bearbeitung gemessen. Die gemessenen Temperaturen werden dann in Verschiebungen des TCP umgerechnet. Für diese Umrechnung sind verschiedene mathematische Modelle entwickelt worden, die im einfachsten Fall mit linearen Interpolationsfunktionen arbeiten, bis hin zu Verfahren, mit denen die Verschiebungen durch neuronale Netze interpolieren werden [SCHÄ94], [BONS99], [HERB02]. Diese Systeme erfordern allerdings thermische Modelle der Maschinen, die durch teilweise aufwändige Versuche aufgebaut werden müssen. Eine neu entwickelte indirekte Kompensationsmethode verzichtet auf alle Temperatursensoren außer der Umgebungstemperatur. Spindeldrehzahlen und Antriebsströme werden als thermische Belastungsparameter verwendet [BREC04], [BREC09a]. Die einzelnen Verfahren der direkten und indirekten Kompensation sind für unterschiedliche Anwendungsfälle geeignet und können, wenn sie korrekt ausgelegt sind, die thermischen Verformungen von Werkzeugmaschinen um bis zu 80% reduzieren.

Durch die beschriebenen Kompensationsverfahren werden allerdings die durch den Prozess kurzzeitig auftretenden thermisch bedingten Verformungen des Werkstücks nicht erfasst.

2.4 Thermoelastische Einflüsse auf die Werkstückqualität

Thermoelastic Influences on the Workpiece Quality

Während einer Bearbeitungsaufgabe treten unterschiedliche Störeinflüsse auf, die die Genauigkeit des Werkstücks beeinträchtigen. Die Fertigungsfehler werden üblicherweise zwischen Form-, Maß-, Lageabweichungen, Welligkeit und Rauheit unterschieden und treten in der Regel kombiniert auf (**Bild 2.6**) [DIN 4760], [KÖNI97].

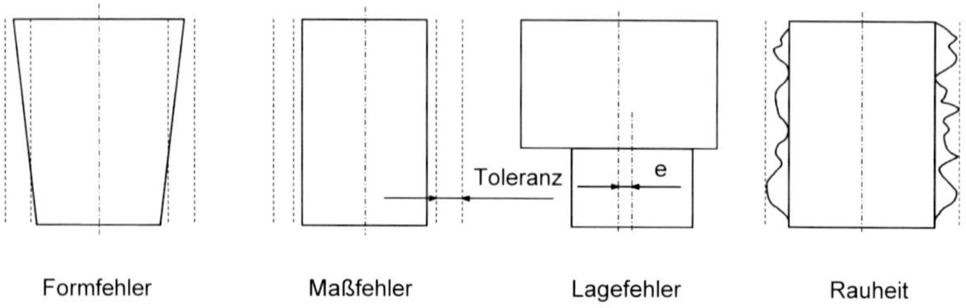

Bild 2.6: Geometrische Fertigungsfehler [DIN 4760]
Geometric machining errors

Sie sind im Wesentlichen auf die Arbeitsgenauigkeit und das Leistungsvermögen der Werkzeugmaschinen zurückzuführen, und werden durch unterschiedliche Lasten verursacht [ZANG75], [WECK06]:

- statische Belastungen
- dynamische Belastungen
- kinematische und geometrische Genauigkeit der Bewegungen und Positionierungen
- thermische Lasten
- verschleißbedingte Störeinflüsse

Die auftretenden Fehler beeinflussen entscheidend die Produktivität des Bearbeitungsprozesses. Ein Fertigungsfehler, der größer als die zulässige Toleranz ist, erfordert ein Nachbearbeiten oder das Neuanfertigen des Teils. Nur bereits bekannte Fehlerursachen lassen sich vermeiden oder verringern und dementsprechend kann die Werkstückqualität erhöht werden [NICO80].

Die oben genannten Ursachen beeinflussen einerseits, in Wechselwirkung mit den Materialeigenschaften und der Zerspanungskinematik, die Spanbildung und damit die mikroskopischen Oberflächeneigenschaften, die Rauheit. Andererseits führen Abweichungen von Soll- und Ist-Bewegung zwischen Werkzeug und Werkstück zu den gezeigten makroskopischen Fehlern, z.B. Form- und Maßabweichungen.

In der Vergangenheit sind vielfältige Anstrengungen unternommen worden, um die einzelnen Störeinflüsse zu eliminieren oder zu kontrollieren. Obwohl das thermische Maschinenverhalten immer als kritisch angesehen wurde, lag der Schwerpunkt der Arbeiten lange Zeit auf der Analyse und Optimierung des statischen und dynamischen Last-Verformungsverhaltens mit dem Ziel, die Werkstückqualität zu verbessern. Im Vordergrund stand das Erhöhen der Maschinenleistung bzw. der Zerspanleistung sowie die Automatisierung des Fertigungsablaufes, bei der die

Arbeitsgenauigkeit der Maschine über einen längeren Zeitraum gehalten werden muss. Damit gewann das thermische Last-Verformungsverhalten zunehmend an Bedeutung [NICO80], [ZANG75], [KERS83], [WECK06], [BREC09a].

Da die Fertigungstoleranzen stetig eingeengt werden, sind die durch thermische Einflüsse bedingten Form-, Maß- und Lagefehler zunehmend Ursache für Qualitätseinbußen bzw. Ausschuss-Produktion.

Verschärft wird das Problem durch die Einführung der Hartbearbeitung. Damit gewann die thermische Werkstückverformung während der Bearbeitung zunehmend an Bedeutung [STEP96].

Der Schwerpunkt der bisherigen Arbeiten lag auf der Betrachtung der konstruktionsbedingten thermischen Verformungen der Maschinen durch innere und äußere Wärmequellen. Durch die zunehmende Trockenbearbeitung gewinnt der Wärmeeintrag in Maschine und Werkstück durch Spänenester an Bedeutung. Aufgrund der fehlenden Kühlung fließen große Anteile der Zerspanungswärme in das Werkstück und das Werkzeug und verursachen Fertigungsfehler.

Die Literatur zeigt, dass die thermische Ausdehnung des Werkzeugs z.B. beim Drehen größeren Einfluss auf die Bearbeitungsabweichung ausweist als die thermische Ausdehnung des Werkstücks, da die Werkzeugtemperatur wesentlich höher als die Werkstücktemperatur ist [STEP96]. ICHIMIYA et al. [ICHI71], [ICHI74] zeigt für Außen-Längs-Runddrehen und Plandrehen eindeutig die höhere thermische Ausdehnung des Werkzeugs.

Die Untersuchungen von STEPHENSON et al. [STEP95] zeigen, dass die thermische Verformung sowohl Maß- als auch Formabweichungen verursacht. Die thermische Ausdehnung des Werkzeugs wurde bei dieser Studie nicht berücksichtigt, dennoch wurde eine mögliche Korrektur der Werkzeugpositionierung durch eine Online-Messung angedeutet. Einer solchen Online-Messung hilft aber nicht die Kompensation der Werkstückverformung, da das Bauteil während der Messung noch warm ist.

Das thermische Verhalten von Drehbauteilen unter unterschiedlichen Kühlbedingungen wurde mit Hilfe der numerischen Simulation untersucht. KOPS und ARENSON [KOPS99] modellierten die Temperaturverteilung eines zylindrischen Werkstücks mittels Finite-Differenzen-Verfahren, mit dem Ziel der Bestimmung von konvektiven Wärmeübergangskoeffizienten. Die bei der numerischen Simulation angewendeten Koeffizienten wurden so lange angepasst, bis die berechneten und messtechnisch ermittelten Temperaturen übereinstimmten. SUKAYLO [SUKA03] hat eine ähnliche Vorgehensweise gewählt. Als Simulationsverfahren wurde die Finite-Elemente-Methode ausgewählt und die Wärmeeinbringung, die mittels kalorimetrischer Ermittlung bestimmt wurde, diente als Abgleichparameter.

Anders als KOPS und ARENSON hat SUKAYLO den Drehprozess untersucht und simuliert und die thermische Ausdehnung des Werkstücks analysiert. Ein analytisches Modell zur Berechnung der thermoelastischen Verformung eines

Aluminium-Drehbauteils während der Bearbeitung wurde von TAKEUTI et al. präsentiert [TAKE76].

SUBRAMANI et al. [SUBR93] entwickelte ein Modell zur Vorhersage von Geometriefehlern an Motorzylindern, da die Geometrie des Zylinders einen sehr starken Einfluss auf Leistung, Verschleiß und Lebensdauer eines Verbrennungsmotors hat. Die Verformungen, die durch die Bearbeitungskräfte hervorgerufen wurden, sind mittels der Finite-Elemente-Methode berechnet worden. Für das während der Zerspanung aufgetretene Temperaturfeld und die dazu gehörige Ausdehnung wurde ein analytisches Modell entwickelt. Die durch die beiden Quellen (Kräfte und Temperatur) verursachten Fehler wiesen eine ähnliche Größenordnung [SUBR93] auf.

KAKADE und CHOW [KAKA93] haben eine vergleichbare Analyse durchgeführt, aber nur durch eine Simulation mit Hilfe eines FE-Modells. Das Hauptziel war die Untersuchung des Einflusses von Bearbeitungsparametern (Schnittgeschwindigkeit und Anzahl der Schneiden) auf die Werkstückverformungen. Als Ergebnis zeigte sich, dass die thermischen Ausdehnungen um eine Größenordnung größer als die mechanischen Verformungen sind. Dieser deutliche Unterschied zu der Arbeit von SUBRAMANI et al. [SUBR93] ist darauf zurückzuführen, dass KAKADE und CHOW nur ein einfaches Zylindermodell betrachten, ein Abgleich der Ergebnisse mit messtechnischen Untersuchungen wurde nicht durchgeführt. Subramani hingegen hat eine komplexere Modellbildung gewählt, wobei auch die Struktur des Motorblocks modelliert wurde. Der Abgleich mit der Untersuchung zeigte erfolgversprechende Übereinstimmung.

Gehärtete Werkstücke mit hohen Anforderungen an die Maß- und Formgenauigkeit werden zunehmend durch Fertigungsprozesse mit geometrisch bestimmter Schneide realisiert. Das Ersetzen z. B. von Schleifen durch Hartdrehen bringt, wie bereits erwähnt, wirtschaftliche und ökologische Vorteile. Die hohe Festigkeit des Werkstoffs und die damit verbundene sehr hohe mechanische und thermische Belastung des Werkstücks und des Werkzeugs erschweren das Einhalten der angeforderten Toleranzen [BÄHR96], [SCHM99]. Die hohe Werkstoffhärte führt zu großen Kräften und Temperaturen im System Werkzeugmaschine-Werkzeug-Werkstück. Diese thermischen und mechanischen Belastungen verursachen mechanische und thermoelastische Verformungen an den am Zerspanprozess beteiligten Systemkomponenten. Das Bearbeitungsergebnis erhält dadurch Abweichungen des Werkstücks unter anderem in Form und Maß [WARN00].

Diese grundsätzlichen Unterschiede beim Drehen und Fräsen sind durch die unterschiedlichen Werkstückgeometrien zu erklären. Die Untersuchungen beim Drehen wurden i.d.R. an massiven zylindrischen Werkstücken durchgeführt. Die gute Wärmeleitfähigkeit führt zu einer mehr oder weniger gleichmäßigen Verteilung der Wärme im Werkstück, dieses wird weniger warm.

Demgegenüber sind die prismatischen Werkstücke wie z.B. Motorblöcke und Getriebegehäuse dünnwandig. In Verbindung mit der größeren räumlichen

Ausdehnung dieser Werkstücke führt das dann zu größeren thermisch bedingten Verformungen.

BUẞMANN [BUSS91] analysierte einzelne Einflussgrößen auf den Formfehler beim Planfräsen gehärteter Werkstücke. In einem Beispiel tragen die Werkstückerwärmung mit 49,7% und die Eigenspannungsänderung mit 53,2% zum relativen Formfehler bei. Beide Ursachen wirken sich als Untermaß aus. Die linearen Formfehler (die Überlagerung von Zerspankraftänderung, Schneidkantenversatz und Aufspannfläche) wirken sich zwar als Übermaß aus, sind aber mit nur 2,9% vernachlässigbar.

Weiterhin zeigen SUBRAMANI et al. [SUBR91], [SUBR93], dass die Fertigungsfehler bei der Bearbeitung von Motorzylindern sowohl vom Werkzeug als auch von thermischen Verformungen des Werkstücks hervorgerufen wurden.

Das Problem wird durch die inzwischen vielfach eingesetzten Al- und Mg-Legierungen im Motoren- und Getriebebau verschärft. Die Wechselwirkung von höherer Wärmeleitfähigkeit, größerem Wärmeausdehnungskoeffizienten und spezifischer Wärmekapazität dieser Materialien (**Tabelle 2.1**) hat während der Bearbeitung kurzzeitig größere Verformungen zur Folge, die dann zu Bearbeitungsungenauigkeiten führen.

Erst durch die Entwicklung leistungsfähiger Werkzeuge, die die Kopplung der experimentellen Versuche mit der Simulationstechnik ermöglichten, wurden erfolgsversprechende Forschungsarbeiten zum thermischen Last-Verformungsverhalten initiiert. DENKENA et al. untersuchten anhand eines einfachen dünnwandigen Werkstücks aus Aluminium den Einfluss der mechanischen und der thermischen Belastungen auf die Arbeitsgenauigkeit [DENK10]. Die Analyse wurde am Beispiel eines Seitenfräsprozesses mit einem Schaftfräser durchgeführt. Durch die Kopplung der experimentell ermittelten Werkstücktemperaturen mit einem FE-Modell konnte die Werkstückverformungen infolge der Prozesskräfte und die thermisch bedingten Verformungen separiert werden.

2.5 Simulation der Bearbeitung und der thermischen Verformungen

Machining Simulation and the Thermal Deformations

Die Prozesssimulation im Konstruktions- und Fertigungsplanungsablauf wird heute zunehmend eingesetzt, um im Vorfeld der Fertigung Aussagen über die Produktivität und Qualität der Fertigung von Produkten zu erhalten. Die Ziele der Einbindung von Prozesssimulationen in die frühen Stadien der Produkt- und Prozessplanung sind nach [KLOC02]:

- beanspruchungsgerechte Optimierung des Bauteils unter Fertigungsaspekten
- Erhöhung der Prozessstabilität
- Reduzierung der Durchlaufzeiten

- Senkung der Kosten
- Prozessverständnis und -vermittlung
- Verkürzung von Zulassungsverfahren
- Vorhersage der Bauteileigenschaften

Die Modellierung von Zerspanvorgängen wird seit vielen Jahrzehnten erforscht (siehe z.B. MERCHANT [MERC45a], [MERC45b] oder LOEWEN und SHAW [LOEW54]). Ausgangspunkt waren einfache analytische Ansätze zur Modellierung und gegebenenfalls Berechnung von z.B. Spanbildung, Schnittkraft, Temperaturfeld, Eigenspannung und Werkstückform. Wegen der Komplexität vieler Vorgänge und aufgrund der wachsenden Leistung der EDV-Systeme werden heute numerische Methoden zur Simulation dieser Größen eingesetzt.

Die Erforschung der entstehenden Temperaturen während der Bearbeitung begann 1907 mit der experimentellen Arbeit von TAYLOR [TAYL07]. Die Zerspanungstemperatur hat einen starken Einfluss auf die Werkzeugstandzeit, schränkt dadurch die Produktivität des Fertigungsprozesses ein. Sie ist eines der wichtigsten Forschungsthemen im Zusammenhang mit Fertigungsverfahren [LAZO02]. Mehrere Autoren haben sich mit den Themen Modellierung, Simulation und Vorhersage von Temperaturfeldern während der Zerspanung auseinandergesetzt und dafür entweder analytische oder numerische Methoden (Finite-Differenzen-Verfahren und Finite-Elemente-Methode) benutzt. Viele Modelle wurden auf der Basis des Orthogonalschnitts hergeleitet, andere für Prozesse wie Bohren oder Fräsen entwickelt.

DEVRIES et al. [DEVR68] erweiterte die vorhandene analytische Methode zur Untersuchung von Temperaturfeldern beim Bohren und verglich analytische und experimentelle Ergebnisse. Es wurde davon ausgegangen, dass die eingebrachte Energie, in der Scherebene durch die Spanbildung und in der Spanfläche durch Reibung zwischen Span und Werkzeug, in Wärme umgewandelt wird. Der Vergleich zwischen berechneten und gemessenen Temperaturen zeigt eine vergleichsweise gute Übereinstimmung, obwohl die Energieumwandlung in der Reibungszone der Freifläche nicht berücksichtigt wurde. In einer jüngeren Arbeit erweitern ANAGONYE und STEPHENSON [ANAG02] die Modelle von LOEWEN und SHAW und betrachten den Einfluss der Schneidplattenform, des Eckenradius sowie der Schneidplatten- und Haltermaterialen auf die Temperaturen an der Spanfläche. Wegen der komplizierter werdenden Geometrie kommt die Finite-Elemente-Methode zum Einsatz. Trotz der erneuten Vernachlässigung der Energieumwandlung in der Freiflächenreibungszone stimmen auch hier die Messergebnisse mit der Simulation überein.

Die Vernachlässigung der Energieumwandlung in der Freiflächenreibungszone ist bei scharfer Werkzeugschneide mit geeigneter Freifläche zulässig. Die Reibung eines scharfen Werkzeugs ist auf eine Linie entlang der Schneide limitiert [AGAP90], [DESS04]. Dem gegenüber modellieren z. B. CHAO und TRIGGER [CHAO58] sowie HUANG und LIANG [HUAG03] die Bearbeitungstemperatur unter Einfluss des

Freiflächenverschleißes. In diesem Fall wird als dritte Wärmequelle die Reibung zwischen Werkzeug und Werkstück berücksichtigt und so das Vorhersagemodell erweitert. Damit kann auch die Temperatur auf der Freifläche in Abhängigkeit vom Freiflächenverschleiß bestimmt werden. Die Unterschiede zwischen gemessenen und berechneten Temperaturen auf der Span- und der Freifläche betragen etwa 10%.

Die Modellierung und Simulation der Zerspanungsprozesse und der Spanbildung werden heutzutage intensiv erforscht und gewinnen zunehmend an Bedeutung im Hinblick auf das Optimieren der Prozesse. Mit Hilfe der Methode Finiter Elemente wird der Spanbildungsprozess simuliert. Hierbei stehen insbesondere makroskopische Probleme der Spansegmentierung und Spanablösung im Vordergrund. Der Zerspanprozess wird dabei als plastischer Umformprozess behandelt [KLOC04a].

HOPPE [HOPP03] verwendet die experimentelle und numerische Analyse der Spanbildung. Das FE-Modell des Orthogonalschnitts liefert Zerspankräfte, Temperaturen, Spangeometrien, Dehnungen, Dehnungsgrade sowie Spannungen und Fließgeschwindigkeiten.

In mehreren Arbeiten wird die Simulation von Zerspanungsprozessen beschrieben mit dem Ziel, die Kopplung von Prozess und Maschine zu ermöglichen. FLEISCHER et al. [FLEI05] beschreiben einen Ansatz, bei dem er von einem starren Werkzeug ausgeht und mit den berechneten Schnittkräften die statischen und dynamischen Belastungen des Fertigungssystems, bestehend aus Maschine, Spannmittel und Vorrichtung, bestimmen und damit den Prozess vorab optimieren kann. Die generierten Temperaturen sollen zum Berechnen des thermischen Last-Verformungsverhaltens der Maschine genutzt werden.

Die Temperaturentwicklung an Span- und Freifläche beim Fräsen und Drehen sowie den Wärmefluss in Abhängigkeit von Form und Lage des Werkzeugs simulierten DENKENA et al. mit dem Ziel, die Wärmebelastung des Werkzeugs zu minimieren [DENK09]. Am Beispiel des Hochgeschwindigkeitsfräsens eines Aluminiumwerkstücks wurde die Randzonenbeeinflussung durch Wärmeentwicklung untersucht.

Den Einfluss der Schnitttiefe und des Schneidstoffs auf die Randzone des Werkstücks bei der HSC-Stirnfräs-Bearbeitung von Magnesium untersuchten BIERMANN et al. [BIER07]. Im Vergleich zum Bearbeiten mit PKD-Schneiden wurde beim Bearbeiten mit HM-Schneiden bei allen Schnitttiefen jeweils mehr Wärme in das Werkstück induziert. Die daraus resultierende Werkstückverformung wurde nicht analysiert. Das Bearbeiten mit HM führt allerdings konsequenterweise auch zur Aufhärtung der Randzone.

Für die Aluminiumbearbeitung komplexer kubischer Werkstücke hat DÜRR ein durch die Kopplung von Experiment und Simulation iterativ definiertes und kalibriertes

Simulationsmodell entwickelt [DÜRR07]. Außer dem Modell wurden keine vertiefenden Versuchsergebnisse präsentiert.

Mit dem Ziel, Vorschubkraft, Drehmoment und Zerspanungstemperatur zu berechnen, wurden Bohroperationen im Durchmesserbereich von d = 1 mm bis d = 10 mm simuliert (**Bild 2.7**). Mit dem dreidimensionalen Modell konnte eine gute Übereinstimmung zwischen den Simulationsergebnissen und den experimentell ermittelten Temperaturen und Vorschubkräften erzielt werden [BREC05]. Die Versuche wurden trocken bei der Verwendung von Vergütungsstahl (Werkstoff-Nr. 1.1191) als Werkstückmaterial durchgeführt.

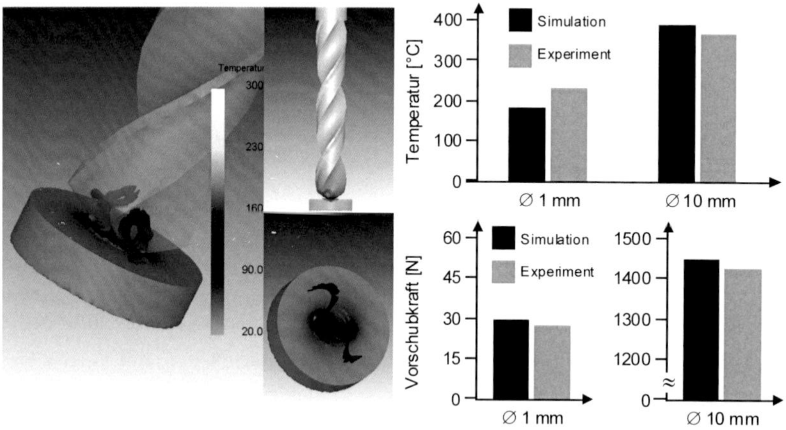

Bild 2.7: Simulation der Spanbildung, Temperaturen und Kräfte beim Bohren [BREC05]
Simulation of chip formation, temperatures and forces during boring

Verbesserte Übereinstimmung war durch noch zu entwickelnde verfeinerte Werkstoffmodelle zu erwarten. Allerdings wurde die Umsetzung der Simulationsanwendungen in die Praxis damals noch durch unzureichende Rechnerleistung eingeschränkt [BREC05]. Trotz kontinuierlicher Weiterentwicklung von Prozessorleistung und Arbeitsspeicher werden solche inzwischen höherwertigen Simulationen, nicht zuletzt aufgrund ihrer Komplexität, überwiegend in Forschungsinstitutionen realisiert.

Eine makroskopische Betrachtung einer Zirkularfräsoperation zur Endenbearbeitung inhomogener dünnwandiger Werkstücke wurde gewählt, um das Verformungsverhalten der Werkstücke infolge der Zerspanungskräfte zu simulieren [GRÜN08]. Es konnte eine qualitative Übereinstimmung zwischen Experiment und Simulation gezeigt werden, ohne die Wechselwirkung zwischen Werkzeug und Werkstück im Detail zu erfassen.

In diesen beschriebenen Arbeiten wird die während der Zerspanung generierte Wärme im Wesentlichen dazu genutzt, den Temperatureinfluss auf die

Materialkennwerte zu berücksichtigen und somit die Spanbildungssimulation zu optimieren. Schwierigkeiten bestehen dabei in der funktionalen Beschreibung der komplexen Materialmodelle und ihrer Parameter. Die aus dem Wärmefluss resultierenden Werkstückverformungen und ihr Einfluss auf die Arbeitsgenauigkeit waren nicht Gegenstand der beschriebenen Arbeiten.

Die Modellierung des Werkzeugverschleißes steht noch am Anfang ihrer Entwicklung, allerdings zeigen einige Entwicklungen die Möglichkeit der Einbindung von Verschleißgesetzen in die numerische Lösung auf. Dafür muss die verschlissene Geometrie abgebildet werden [KLOC04a].

Eine sehr nützliche Anwendung der FE-Simulation von Zerspanungsprozessen ist die mögliche Abbildung und Vorhersage der Gratbildung. KLOCKE, HOPPE und FRITSCH [KLOC04b] zeigen eine zweidimensionale FE-Simulation des Orthogonalschnitts von Stahl AISI 1045. Ziel dieser Arbeit ist die Simulation der Gratbildung und die Untersuchung von unterschiedlichen Bruchkriterien bei der Modellierung. Obwohl die Ergebnisse viel versprechend sind, müssen die Mechanismen des Bruches bei der Modellierung weiterentwickelt werden, da einige Resultate nicht mit den messtechnischen Untersuchungen übereinstimmen.

Die Simulation der mechanischen und thermischen Verformung von Werkstück und Werkzeug z.B. mit Hilfe der Finite-Elemente-Methode bietet die Möglichkeit der Vorhersage von mechanischen und thermoelastischen Verformungen. Damit werden die Optimierung von Prozessparametern und die Kompensation und Korrektur der Werkzeugbahn ermöglicht [BÄHR96], [DOLL01], [WARN00].

DYCK [DYCK07] hat am Beispiel der Graugussbearbeitung mit konventionellen Schnittdaten verschiedene Methoden zum Bestimmen des Wärmeeintrags bei Trockenbohren angewandt. Die Kalorimetrie hat er aufgrund der Praktikabilität nach ersten Versuchen nicht weiter verfolgt. Das Verfahren wird in **Kapitel 4.3.3** vorgestellt.

Als weitere Methoden hat DYCK Verfahren zum Bestimmen des Wärmeeintrags auf der Basis von Temperaturmessung mit Thermoelementen entwickelt. Einerseits wird die Energiebilanz auf der Basis des Wärmeausgleichs in einem einfachen Prüfwerkstück aufgestellt. In einer zweiten Strategie wird der gemessene Temperaturverlauf durch eine Näherungsgleichung zur inversen Bestimmung der Wärmequelle herangezogen.

Die Vielfalt der Einflussfaktoren hat er in einer einfachen Parameterstudie (*one-factor-at-a-time method OFAT*) diskutiert. Dabei wurden auch die Problematik der Applikation von Thermoelementen und die damit verbundene Messunsicherheit herausgearbeitet. Diese Einflüsse auf das Simulationsergebnis wurden nicht weiter untersucht.

Zu beachten ist zudem, dass die heute in der Automobilindustrie vielfach eingesetzten Werkstoffe andere thermoelastische Eigenschaften besitzen und mit deutlich gesteigerten technologischen Parametern bearbeitet werden. Die

Bearbeitungsparameter stellen besondere Anforderung an die Genauigkeit der Applikation der Temperatursensoren. Ungenauigkeiten wirken sich wesentlich stärker auf die Ergebnisse der Modellierung des Wärmeeintrags aus.

Die Untersuchungsergebnisse wurden nicht an einem realen Werkstück verifiziert.

PABST [PABS08] hat die von DYCK [DYCK07] beschriebene Methode zum Bestimmen der Wärmedichte auf der Basis der Energiebilanz exemplarisch auf die Verfahren Fräsen, Bohren und Reiben angewandt. In ausführlichen Untersuchungen wurde der Einfluss der verschiedenen technologischen Größen auf den Temperaturverlauf und damit die Wärmedichte bestimmt und in einer multivarianten Regressionsfunktion zusammengefasst. Der Einfluss des Versuchsaufbaus und die damit verbundene Messunsicherheit wurde nicht weiter diskutiert.

Durch den Vergleich von Simulationsergebnissen mit der Messung des Temperaturverlaufs bei der Trockenbearbeitung wurden die Leistungsfähigkeiten der Modellbildung gezeigt [PABS08].

Das im Jahr 2011 gestartete Schwerpunktprogramm 1480 „Modellierung, Simulation und Kompensation von thermischen Bearbeitungseinflüssen für komplexe Zerspanprozesse - CuTSim“ zielt darauf hin, Ungenauigkeiten bei der spanenden Fertigung bereits in der Planung durch Simulationsmethoden zu kompensieren oder sogar zu vermeiden. Gewählt wurde die sehr häufig verwendete und verfügbare Methode der Finite-Elemente, weil dieses Werkzeug das thermomechanische Verhalten von Bauteilen unter Einfluss von thermischen und mechanischen Lasten berechnen lässt. Um das angestrebte Ziel zu erreichen, wurden drei aufeinander aufbauende Phasen von jeweils zwei Jahren mit zunehmender Komplexität festgelegt [SPP1480]:

- Machbarkeit - Grundlagenuntersuchungen zur Modellbildung des Wärmeeintrags für geometrisch und stofflich einfache und homogene Bauteile
- Flexibilität - Übertragung der Ergebnisse der ersten Phase auf komplexere Bauteile
- Kompensation und Optimierung - Nutzung der Simulationsmodelle, um die thermisch bedingten Deformationen auf ein Minimum zu reduzieren

Einige aus diesem Schwerpunktprogramm entstandene Veröffentlichungen, welche für diese Arbeit relevant sind, werden kurz beschrieben und kommentiert.

BIERMANN et al. haben sich intensiv mit dem Thema Wärmeentwicklung im Bauteil während des Wendeltiefbohrens beschäftigt. In unterschiedlichen Arbeiten wurden Werkzeuge mit zwei symmetrisch angeordneten Schneiden, Minimalmengenschmierung (MMS) und Werkstücke aus Aluminiumgusslegierung AlSi9Cu3 angewendet. Diese Legierung findet häufig Anwendung im Motoren- und Getriebebau. In keiner dieser Arbeiten wurde der Werkstückverzug betrachtet [BIER12a], [BIER12b], [BIER13a], [BIER13b].

Beim Tiefbohren von AlSi9Cu3 (d = 10 mm, l_b = 250 mm und MMS mit 14 bar für einen besseren Spanabtransport) wurden Temperaturen mit Hilfe von 21 Thermoelementen in unterschiedlichen Positionen, sowohl entlang der Bohrtiefe als auch in radialer Richtung, gemessen. Als Einflussparameter wurden der Vorschub (f) und die Schnittgeschwindigkeit (v_c) gewählt, wobei das Ergebnis erwartungsgemäß zeigt, dass der Vorschub mehr Einfluss auf die Temperaturerhöhung hat. Dazu wurde der Effekt eines sekundären Wärmeeintrags durch die Strömung der erhitzten MMS an der abkühlenden Bohrungswand erwähnt. Dieser Effekt wurde mit Hilfe einer FE-Simulation gezeigt, wobei hier eine wichtige Information gefehlt hat. Es wurde keine detaillierte Angabe zu der eingebrachten Leistung als Wärmequelle gemacht. [BIER12a]. Es ist aber eher abzuschätzen, dass dieser sekundäre Wärmeeintrag vielmehr durch die Späne als durch die Luft verursacht wird. Die Bearbeitungsenergie wird größtenteils durch die Späne transportiert. Durch das sehr enge Verhältnis in der Spannut wird die Wärme durch Wärmeleitung in die Bohrungswand übertragen. Die Konvektion durch die erwärmte MMS spielt wahrscheinlich eine untergeordnete Rolle.

In weiterführenden Untersuchungen [BIER12b] wurde die mechanische und thermische Belastung beim Wendeltiefbohren analysiert. Vorschubkraft und Drehmoment wurden während der Bearbeitung gemessen, Rauheit und Durchmessertoleranz nachträglich bewertet. Es bleibt unklar, ob die gezeigten Werte für Vorschubkraft und Drehmoment maximal oder durchschnittlich sind. Der Einfluss des Vorschubs auf die Gesamtwirkarbeit ist, wie erwartet, deutlich höher als die Schnittgeschwindigkeit [BIER12b]. Aus der **Gleichung 4.1** ist zu entnehmen, dass der Vorschub kaum Einfluss auf die Wirkarbeit hat. Da der Prozess bei höherem Vorschub deutlich kürzer abläuft, wird die Gesamtwirkarbeit kleiner. Die gemessenen Rauheitswerte zeigen eindeutig den Kontakt der Späne mit der Bohrungswand und bestätigen die sekundäre Erwärmung durch Wärmeleitung.

Die thermische Belastung wurde durch Temperaturmessung in 21 Positionen im Werkstück erfasst, wobei die Thermoelemente in unterschiedlichen axialen Lagen und mit unterschiedlichem Abstand zur Bohrungswand positioniert wurden. Wie die Wirkarbeit reduzieren sich die gemessenen maximalen Temperaturen bei höherer Schnittgeschwindigkeit und Vorschub wegen der Verkürzung der Prozesszeit [BIER12b]. Die Behauptung, dass „*die sehr unterschiedlichen Temperaturanstiege bei der Variation des Vorschubes sich nicht aus unterschiedlichem Wärmestrom ins Werkstück ergeben*“ wurde nicht belegt. In **Kapitel 5.2.2** wird gezeigt, dass Schnittgeschwindigkeit und Vorschub Einfluss auf die Wärmestromdichte beim konventionellen Bohren von Aluminium zeigen.

Mit Hilfe von Hochgeschwindigkeits-Thermografie wurden die Tendenzen aus [BIER12a] und [BIER12b] nochmals gezeigt [BIER13a]. Dafür wurde beim Wendeltiefbohren ebenso mit zwei Schneiden (d = 10 mm, l_b = 280 mm; MMS mit 16 bar, KSS mit 50 bar) die Temperatur der Außenoberfläche des Werkstücks (AlSi9Cu3) mit einer Thermokamera gemessen. Die Bohrungswandstärke wurde in drei Stufen variiert. Beim Einsatz von KSS als Referenzversuch sinkt die

Werkstücktemperatur unmittelbar hinter der Wirkzone auf die Anfangstemperatur zurück. Die gemessenen Temperaturen sind mit MMS deutlich höher als der Referenzversuch. Untersucht wurde nur der Einfluss des Vorschubs mit der gleichen Tendenz wie vorher (höherer Vorschub niedrigere Temperatur). Wie erwartet steigen die gemessenen Temperaturen für sinkende Wandstärken [BIER13a].

Um den Wärmeeintrag ins Werkstück ohne Einfluss der sekundären Erwärmung zu untersuchen, wurde ein Versuchsaufbau entwickelt. Ein Werkstück (AlSi9Cu3) mit Durchmesser 9,95 mm und Länge $l = 125$ mm wurde mit einem zweischneidigen Bohrer (d = 10 mm, MMS mit 15 bar) bis $l_b = 75$ mm in radialer Richtung vollständig zerspant [BIER13b]. Das heißt, eine große Wärmequelle, die Werkzeugführung, kann mit diesem Aufbau nicht berücksichtigt werden. Zwei Temperaturen wurden durch Thermoelemente am Ende des Werkstücks gemessen. Der Abstand betrug zwischen dem Zerspanungsende ($l_b = 75$ mm) und dem ersten Thermoelement 5 mm und 25 mm für das zweite Thermoelement. Die Thermoelemente wurden relativ weit vom Prozessgeschehen positioniert, daher ist die Genauigkeit einer Aussage über den Wärmeeintrag begrenzt (siehe **Kapitel 5.1**). Trotz vollfaktorieller Versuchsplanung wurde keine Varianzanalyse (*ANOVA*) durchgeführt und die Einflussparameter individuell bewertet.

Für diesen Versuchsaufbau wurde ein FE-Modell entwickelt und die geeignetsten Simulationsparameter, wie geometrische und zeitliche Diskretisierung und Vernetzung, bewertet und festgelegt. Der Wärmeeintrag für die Simulation wurde über einen Abgleich zwischen Temperaturmessung und Berechnungsschleife ermittelt [BIER13b]. Als Vergleich zwischen Zerspanparametern sollte die Methode ausreichend sein. Aber wegen der Ungenauigkeit der Temperaturmessung kann keine genaue Aussage über absolute Werte des Wärmeeintrags getroffen werden.

LÖHE et al. [LÖHE12] zeigen eine Möglichkeit für die Validation von mechanisch und thermisch induzierten Verformungsmodellen. Auf der Basis des Schaftfräsens von dünnwandigen Werkstücken wurde die thermisch und mechanisch elastische Verformung während des Prozesses mit Hilfe eines Laser-Doppler-Vibrometers (kurz LDV), ein Messgerät zur Quantifizierung mechanischer Schwingungen, aufgezeichnet. Dieses Gerät ermöglicht eine genaue Aufzeichnung der Verformungen aufgrund der hohen zeitlichen und räumlichen Auflösung des optischen Messsystems. Die Trennung zwischen Verformungsursachen, mechanisch oder thermisch, erfolgte durch die Auswertung der Zeiten zwischen zwei Schneidekontakten. Es wurde davon ausgegangen, dass die aufgezeigte Verformung nur thermisch bedingt sein konnte, da kein mechanischer Kontakt zwischen Werkzeug und Werkstück besteht [LÖHE12]. Für Prozessbedingungen ohne diese belastungsfreien Zwischenzeiten kann die Methode nicht angewendet werden.

SÖLTER et al. [SÖLT12] entwickelten und validierten ein Hybridmodell zur prädiktiven Minimierung von Formabweichungen. Das Hybridmodell basierte auf dem Zusammenfügen der Einflüsse von erzeugten Quellspannungen (zerspanbedingten

Eigenspannungen, Submodell 1) und thermischen Dehnungen (thermoelastischen Werkstückverformungen, Submodell 2) in einer Finite-Elemente-Simulation. Schwerpunkt von [SÖLT12] war die Parameterbestimmung des Submodells 2.

Die benötigten Eingangsdaten für beide Submodelle wurden in Form von empirischen Modellen beschrieben und aus Zerspanungsuntersuchungen ermittelt. Relevant für die hier vorliegende Arbeit wäre der Wärmeeintrag in das Werkstück, welcher als Wärmestromdichte beschrieben wurde [SÖLT12]. Da es sich um die Zerspanung von Vergütungsstahl 42CrMo4 handelte, blieb die Relevanz nur bei der Methode für die Bestimmung der Wärmestromdichte.

Ein vollfaktorieller Versuchsplan wurde für das Planfräsen von plattenförmigen Werkstücken aufgestellt, wobei die Schnittgeschwindigkeit v_c, die Vorschubgeschwindigkeit v_f und die Schnitttiefe a_p auf jeweils zwei Levels variiert wurden. Um die Wärmestromdichteverteilung entlang des Eingriffsbogens ermitteln zu können, wurden zusätzlich vier Eingriffsbereiche untersucht. Der Wärmeeintrag in das Werkstück wurde durch einen iterativen Abgleich zwischen gemessenen und simulierten Temperaturfeldern (inverses Problem) ermittelt. Aus der Auswertung der Ergebnisse wurde ein multilineares Modell für den Wärmeeintrag mit 32 Koeffizienten in vier Bereichen des Eingriffsbogens abgeleitet [SÖLT12].

Entsprechend der ganz unterschiedlichen Eigenschaften des Werkstückmaterials und der angewendeten Bearbeitungsparameter passen die ermittelten Einflüsse der untersuchten Parameter nicht mit der Zerspanung von Leichtmetallen zusammen und werden daher nicht weiter kommentiert.

Ein FE-Modell für die Berechnung der thermischen Werkstückverformung während des Trockendrehens von AISI 1045 (C45E) wurde von Klocke et al. entwickelt [KLOC13]. Der Ansatz bestand aus zwei Submodellen. Das erste Modell war ein vollständig gekoppeltes FE-Modell der Spanbildung für die Berechnung der Wärmeerzeugung und des Temperaturfelds im Span, Werkstück und Werkzeug. Für die Simulation der Spanbildung wurde das FE-Modell automatisch neu vernetzt und eignet sich gut für einen zweidimensionalen Zerspanungsprozess.

Aus diesen Daten wurde der Wärmeeintrag in das Werkstück ermittelt. Im zweiten Makro-Modell wurde dieser Wärmeeintrag als Eingangsdaten verwendet, um die Temperaturverteilung und Verformung des Gesamtwerkstücks zu berechnen [KLOC13].

Das Spanbildungsmodell wurde mit Hilfe der orthogonalen Zerspanung in einer Räummaschine in zwei Schritten validiert. Zuerst wurde das Spanbildungsmodell sowohl auf Schnitt- und Vorschubkraft als auch auf Spanstauchung verifiziert. Die Ergebnisse zeigten Abweichungen (Simulation/Versuch) zwischen -2% und +6% für die Schnittkräfte und zwischen -17% und +7% für die Vorschubkraft. Da die Wirkarbeit kaum vom Vorschub beeinflusst wird, ist die Übereinstimmung als gut zu bewerten. Die Bewertung der Spanstauchung zeigte unterschiedliche Ergebnisse mit Differenzen zwischen -25% und +36%, weil die Ermittlung dieses Parameters eine schwierige Aufgabe darstellt und wahrscheinlich fehlerhaft sein könnte. Aus diesem Abgleich wurde das Spanbildungsmodell für die Ermittlung des Wärmeeintrags in das Werkstück als angemessen bewertet [KLOC13].

Eine erwartete Reduzierung der Werkstückerwärmung für höhere Vorschübe wurde festgestellt. Die Verdopplung des Vorschubs verursachte einerseits den Anstieg des Wärmestroms um ca. 20% und andererseits eine Verkürzung der Prozesszeit um die Hälfte. Für eine angemessene Berechnung der Werkstückerwärmung soll der Werkzeugverschleiß ebenfalls berücksichtigt werden. Der Wärmestrom steigt ca. 20-30% für einen Freiflächenverschleiß von 50 µm [KLOC13].

Dieser ermittelte Wärmestrom wurde als Eingangsdaten in einem zweiten, vereinfachten Gesamtwerkstückmodell für die Berechnung der thermischen Verformung angewendet. Konvektion und Strahlung wurden bei dieser Modellierung nicht berücksichtigt. Als Beispiel wurde das orthogonale Trockendrehen (v_c = 100 mm/min; f = 0,1 mm; b = 3 mm) für die Durchmesserreduzierung einer Scheibe (AISI 1045) von 180 mm auf 170 mm mit einer Gesamtprozesszeit von 16,5 s und einem angesetzten Wärmestrom von 287,1 W gezeigt. Simuliert wurden eine maximale Temperatur von ca. 100°C und eine maximale geometrische Abweichung zwischen Schnittkante und Scheibe von ca. 20 µm. Besonders erwähnenswert ist die Temperaturverteilung, welche die Hauptmenge an Wärme noch im Außenbereich des Werkstücks zeigte. Es ist daher zu vermuten, dass für deutlich höhere Schnittgeschwindigkeiten diese Wärme mit den Spänen abgetragen und die thermische Belastung des Werkstücks sinken würde [KLOC13].

Das Makro-Werkstückmodell wurde mit Hilfe der Thermografie während des orthogonalen Drehens validiert. Der Temperaturabgleich zwischen Simulation und Experiment zeigte eine gute Übereinstimmung, besonders unter Berücksichtigung des Freiflächenverschleißes [KLOC13].

Für die Simulation von Fertigungsverfahren, bei denen die Werkstückoberflächen kontinuierlich verändert werden (wie Drehen, Fräsen oder *Rapid Prototyping*), wendet man häufig die Methoden *DEXEL*-Modell, Multi-*DEXEL*-Modell oder *z-Map* an. Mit einer Erweiterung des DEXEL-Modells mit thermomechanischen Informationen haben DENKENA et al. [DENK13] eine neue Methode für die Modellierung des Zerspanungsprozesses unter Berücksichtigung von Schnittkräften und Wärmestromdichten präsentiert. Die vorgestellte Methode ist in drei Hauptkomponenten unterteilt:

- Eine klassische NC-Simulation mit der Kinematik und NC-Steuerung
- Ein Prozessmodell mit Analyse der Kontaktzone und Vorhersage von Schnittkräften und Wärmestromdichten
- Ein Werkstückmodell mit Kopplung zwischen einem DEXEL-Modell für das Materialabtragen und einem FE-Modell für die Analyse der Wärmeleitung, der Volumenänderungen und der thermomechanischen Verformungen

Für die Verknüpfung aller Komponenten wurde ein XML-basiertes Kommunikationssystem entwickelt [DENK13].

Zur Verifikation der gezeigten Methode wurde ein Experiment durchgeführt, bei dem innerhalb des Werkstücks lediglich fünf Temperaturmessstellen realisiert wurden [DENK13] (Prozess: Schaftfräsen, d = 40 mm, nur 1 von 4 Wendeschneidplatten, Stahlwerkstück 1.1191, Gesamtprozesszeit ca. 55 s, weitere Schnittparameter nicht genannt).

Mit der Hilfe von sieben Kenngrößen (Zerspankräfte, Werkstückverformung, Wärme ins Werkstück, Temperaturverteilung im Werkstück, Werkzeugtemperatur, Werkzeughaltertemperatur, Werkstückdurchmesser nach Drehen) haben AURICH et al. [AURI14] die Genauigkeit des Trockendrehens von Aluminium analysiert. Die messtechnisch ermittelten Daten dienten als Randbedingung in einem FE-Modell für die Berechnung der Werkstückverformung unter Berücksichtigung und Nachbildung des Materialabtrags.

Die im Werkstück fließende Wärme wurde aus den mittig gemessenen Temperaturen nach dem ersten Werkzeugeingriff hergeleitet und die Gesamtwärme (Schnittarbeit) aus der gemessenen Schnittkraft berechnet. Wie bereits bekannt, wurde der Großteil der erzeugten Wärme mit den Spänen entfernt. Der Rest verteilte sich zwischen Werkstück und Werkzeug. Erwartungsgemäß zeigten die Ergebnisse im Allgemeinen, dass bei höheren Schnitttiefen und -geschwindigkeiten die Werkstückwärme abgenommen hat [AURI14]. Da einige Zwischenergebnisse nicht plausibel scheinen, wäre eine Auswertung der untersuchten Einflussfaktoren (Vorschub- und Schnittgeschwindigkeit und Schnitttiefe) und der dazugehörigen Wechselwirkungen mit Hilfe einer vollständigen statistischen Versuchsplanung (*DoE*) übersichtlicher. Ebenso unklar sind die Anzahl der Versuchswiederholungen je Bedingung, um die schwierig zu ermittelnden Daten statistisch abzusichern.

Für das Trockendrehen von Aluminium wurde gezeigt, dass die beste Bearbeitungsgenauigkeit mit der größten Schnitt- und Vorschubgeschwindigkeit und der geringsten Schnitttiefe erreicht wurde. Dennoch zeigte diese Bedingung nicht die niedrigste Werkstückwärme. Werkzeug- und Werkzeughaltertemperaturen müssen ebenso berücksichtigt werden. Die thermoelastischen Verformungen von Werkstück, Werkzeug und Werkzeughalter überwogen die mechanisch induzierten Auslenkungen für die untersuchte Werkstückgeometrie [AURI14].

2.6 Theoretische Grundlagen zur FE-Simulation von thermischen Phänomenen

Theoretical Bases for Finite Element Simulation of Thermal Phenomena

Im Rahmen simulationsgestützter thermischer Analysen mechanischer Strukturen werden die Temperaturverteilung und die dazugehörigen thermischen Größen eines Systems oder Bauteils berechnet. Die typischen Interessengrößen sind [ANSY04]:

- Temperaturverteilungen
- Zu- oder abgeführte Wärmemengen
- Thermische Gradienten
- Wärmeströme

Die Unterscheidung zwischen stationären und instationären Phänomen ist sehr wichtig und soll zuerst betrachtet werden. Bei einem stationären Phänomen findet keine oder eine vernachlässigte Änderung der Temperaturen über die Zeit statt. In einem geschlossenen System muss die Energiezufuhr gleich der Energieabfuhr sein. Bei instationären oder transienten Phänomenen ändert sich die Temperaturverteilung mit der Zeit [GROT01].

Die Mechanismen der Wärmeübertragung sind Wärmeleitung, Konvektion und Wärmestrahlung.

2.6.1 Wärmeleitung

Heat Conduction

Für den Wärmetransport durch Wärmeleitung gilt die FOURIERsche Differentialgleichung für das Temperaturfeld im Wärmeleiter:

$$c_p \cdot \rho \cdot \frac{\partial T}{\partial t} = \dot{q} - \lambda \cdot \left(\frac{\partial^2 T}{\partial x^2} + \frac{\partial^2 T}{\partial y^2} + \frac{\partial^2 T}{\partial z^2} \right) \qquad \textbf{(2.1)}$$

mit: $\partial T/\partial t$ zeitliche Änderung der Temperatur

$\partial^2 T/\partial x^2$, $\partial^2 T/\partial y^2$, $\partial^2 T/\partial z^2$ räumlicher Differentialquotient des Temperaturfeldes

$\dot{q}$ Energiedichte der internen Wärmequellen und -senken

c_p spezifische Wärmekapazität

ρ Dichte

λ Wärmeleitfähigkeit

Für stationäre Wärmeleitung gilt:

$$\frac{\partial T}{\partial t} = 0 \qquad \textbf{(2.2)}$$

Für wärmequellefreie Systeme (keine Zu- oder Abfuhr von Wärme) gilt:

$$\dot{q} = 0 \qquad \textbf{(2.3)}$$

Die Umwandlung von **Gleichung 2.1** in die Darstellung der Methode der Finiten Elemente ergibt [GROT01], [HUEB75], [VALC81]:

$$[C]\cdot\{\dot{T}\}+[K_{th}]\cdot\{T\}=\{\dot{Q}\} \qquad (2.4)$$

mit:	$\{\dot{T}\}$	Vektor mit der 1. zeitlichen Ableitung der Knotentemperaturen
	$\{T\}$	Vektor mit den Knotentemperaturen
	$[C]$	Matrix der Wärmekapazität
	$[K_{th}]$	Matrix der Wärmeleitfähigkeit
	$\{\dot{Q}\}$	Vektor der zu- oder abgeführten Wärme

2.6.2 Wärmeübergang durch Konvektion

Heat Transfer by Convection

Es wird hier nur die erzwungene Konvektion berücksichtigt. Der Wärmeübergang von einem bewegten Fluid (Flüssigkeit oder Gas) mit mittlerer Temperatur T_F an eine feste Wand mit der Temperatur T_W hängt von dem Temperaturunterschied (T_F - T_W), der Kontaktfläche A und dem Wärmeübergangskoeffizient $\alpha_{ü}$ ab:

$$\dot{Q}=\alpha_{ü}\cdot A\cdot(T_F-T_W) \qquad (2.5)$$

mit:	$\dot{Q}$	Wärmestrom
	$\alpha_{ü}$	Wärmeübergangskoeffizient
	A	Kontaktfläche
	T_F	mittlere Temperatur im Fluid (außerhalb der Grenzschicht)
	T_W	Oberflächen-, Wandtemperatur

Bei einer FE-Simulation wird die Konvektion normalerweise als Randbedingung bzw. Oberflächenlast eingearbeitet. Für die Berechnung muss der Anwender den Wärmeübergangskoeffizienten $\alpha_{ü}$ und die Fluidtemperatur T_F eingeben. Eine Berechnung mit einem von der Zeit abhängigen Wärmeübergangskoeffizienten ist ebenso möglich. Die Fläche ergibt sich aus der Bauteilgeometrie und die Wandtemperatur wird entweder berechnet oder als Anfangsbedingung eingegeben.

2.6.3 Wärmeübergang durch Strahlung

Heat Transfer by Radiation

Die zwischen zwei Flächen durch Strahlung ausgetauschte Energie ist die Differenz der absorbierten Strahlung jeder einzelnen Fläche aus der Richtung der anderen Fläche. Der ausgetauschte Wärmestrom zwischen beliebig im Raum angeordneten Flächen wird nach dem Stefan-Boltzmann-Gesetz so beschrieben:

$$\dot{Q} = e_{12} \cdot A_1 \cdot \varepsilon_1 \cdot \varepsilon_2 \cdot \sigma \cdot \left(T_1^4 - T_2^4\right) \quad \textbf{(2.6)}$$

mit: e_{12} Formfaktor zwischen Flächen 1 und 2
A_1 Fläche des Strahlers 1
ε_1, ε_2 Emissionsgrad der Oberflächen 1 und 2
σ Stefan-Boltzmann-Konstante, $5{,}67 \cdot 10^{-8}$ W/m²K⁴
T_1, T_2 absolute Temperatur der Strahler- und Empfängeroberfläche

Die Strahlung und die Konvektion können ebenfalls als Randbedingung bei einer FE-Berechnung berücksichtigt werden. Nur der Formfaktor ist in praktischen Anwendungen schwer zu bestimmen. Dafür werden numerische Methoden angesetzt.

Strahlung ist ein stark nichtlineares Phänomen und verlangt eine iterative FE-Analyse, um eine Lösung zu erreichen bzw. einen Wert, gegen den diese konvergiert. Die Kombination aus einer transienten und nichtlinearen Analyse führt zu einem erheblichen Berechnungsaufwand (Rechnerleistung und Zeit) [ANSY04].

2.6.4 Gekoppelte Feldanalyse

Coupled-Field Analyses

Eine gekoppelte Feldanalyse ist eine Analyse, welche die Wechselwirkung zwischen zwei oder mehr Disziplinen der Wissenschaft berücksichtigt. Die Analyse von Druckbehältern (thermisch-strukturmechanisch), Induktionsheizungen (magnetisch-thermisch) oder Piezoaktoren (elektrisch-strukturmechanisch) sind Beispiele für eine gekoppelte Feldanalyse [ANSY04].

In den meisten Fällen handelt es sich um eine einseitige Kopplung, d.h., ein Bereich hat keinen oder nur einen vernachlässigbaren Einfluss auf den anderen Bereich. Bei der Analyse des thermoelastischen Bauteilverhaltens wird zunächst die zeitliche Temperaturverteilung auf Grund der Wärmeflüsse über das gesamte Bauteil berechnet. Aus der Kenntnis der Temperatur für jeden FE-Knoten werden über das thermische Ausdehnungsgesetz äquivalente mechanische Belastungen und damit die Spannungen und Verformungen ermittelt. Für diese Berechnung ist keine Iteration zwischen Thermik und Strukturmechanik nötig [ANSY04], [WECK05], weil die thermoelastische Verformung während der Bearbeitung nur einen vernachlässigbaren Einfluss auf Wärmequelle und Temperaturfeld im Bauteil selbst hat.

Eine Induktionsheizung kann als Beispiel für eine zweiseitige Kopplung genannt werden. Die elektromagnetische Wärmeerzeugung verursacht ein instationäres Temperaturfeld im Bauteil. Da die thermischen und elektromagnetischen Materialeigenschaften von der Temperatur abhängen, ist eine Iteration zwischen beiden Simulationen erforderlich [ANSY04].

3 Aufgabenstellung und Zielsetzung

Tasks and Objectives

In der Automobilindustrie werden zunehmend die Leichtbauwerkstoffe Aluminium und Magnesium eingesetzt. Der höhere Wärmeausdehnungskoeffizient dieser Werkstoffe, in Verbindung mit der Trockenbearbeitung und höheren technologischen Parametern, verschärft die während der Bearbeitung erzeugten thermisch induzierten Bauteilverformungen. Bei gleichzeitig reduzierten Bauteiltoleranzen wird es zunehmend schwieriger, in den hochproduktiven Abläufen die Prozessfähigkeit sicherzustellen. Demzufolge werden in zunehmenden Maße Forschungsarbeiten durchgeführt, mit dem Ziel das thermoelastische Werkstückverhalten vor Produktionsstart zu ermitteln und geeigneten Kompensationsmaßnahmen zu ergreifen.

Die bisherigen Arbeiten hatten zum Ziel, die unterschiedlichen thermischen Einflüsse zu untersuchen und zu beschreiben. Die Analyse des Stands der Technik hat gezeigt, dass die Bestimmung des Wärmeeintrags mittels Temperaturmessung oder mit Hilfe der Kalorimetrie erfolgt, diese aber mit großen Unsicherheiten und großem Aufwand verbunden sind. Darüber hinaus wurden iterative Ansätze gewählt, bei denen in Optimierungsschleifen die Eingangsgrößen bestimmt wurden.

Ziel dieser Arbeit ist es, eine Methode zu entwickeln, mit der die durch den Prozess bedingten thermischen Lasten und die daraus resultierenden Bauteilverformungen simuliert werden können, ohne dass Iterationsschleifen erforderlich sind.

Es wird eine neue Methode zum Bestimmen des prozessbedingten Wärmeeintrags entwickelt.

Diese Systematik wird am Beispiel der Simulation des thermoelastischen Verformungsverhaltens von eng tolerierten Werkstücken aus Leichtmetall demonstriert. Dabei wird die thermisch besonders kritische Trockenbearbeitung betrachtet. Mit Hilfe dieser Methode soll die Einrichtezeit sowie die Zahl der Ausschussteile vor dem Serienanlauf reduziert und damit die Wirtschaftlichkeit gesteigert werden.

Die Anwendung bekannter FE-Simulationsprogramme stellt dabei ein wesentliches Werkzeug dar, welches bereits in der Planungsphase die Optimierung der Werkstückgeometrie, der Aufspannung und der Bearbeitungsstrategie in Bezug auf das thermoelastische Verformungsverhalten eines Werkstücks erlaubt. Jedoch liegt in der Anwendung ein großes Fehlerpotenzial, da die thermisch relevanten Randbedingungen und Einflussgrößen nach heutigem Stand der Technik nicht ausreichend bekannt sind. Im Rahmen dieser Arbeit werden daher die relevanten Einflussgrößen auf die Vorhersagegenauigkeit des thermoelastischen Verlagerungsverhaltens systematisch erfasst, analysiert und kategorisiert, um daraus notwendige Anwendungsrichtlinien zur Vorgehensweise bei der praxisgerechten Simulation des thermisch bedingten Verlagerungsverhalten abzuleiten.

Die Ergebnisse der Simulation des thermoelastischen Verhaltens werden abschließend exemplarisch an einem Musterwerkstück für den Bohrprozess anhand von empirischen Messdaten (Verlagerungen und Temperaturen) abgeglichen und verifiziert.

4 Allgemeine Beschreibung und Erfassung thermischen Werkstückverhaltens

General Description and Detection of Thermal Workpiece Behavior

Im Folgenden werden die Grundlagen bereitgestellt, die dazu dienen, das thermoelastische Verhalten mechanischer Strukturen zu erfassen und zu beschreiben. Der Schwerpunkt der Ausführungen liegt auf dem Erfassen der Temperaturverteilung und den daraus resultierenden Verformungen am Werkstück. Ausgehend von einer grundlegenden Definition des Betrachtungszeitraums, werden die Wärmeströme und deren messtechnische Erfassung während der spanenden Bearbeitung diskutiert.

4.1 Langzeit- und Kurzzeiteinfluss der Wärme am Werkstück

Long and Short Time Influence of Heat on the Workpiece

Für diese Arbeit ist es notwendig, zwischen Langzeit- und Kurzzeiteinfluss der Wärme auf das thermische Verformungsverhalten des Werkstücks zu unterscheiden.

Unter Langzeiteinfluss versteht man z.B. Temperaturschwankungen innerhalb eines Tages, mit langsamer Temperaturerhöhung der Maschine und/oder der Umgebung. Bei diesem Einfluss behält das Werkstück entweder eine konstante Temperatur oder ändert diese nur in einem kleinen räumlichen Gradient z.B. aufgrund von Konvektion.

Die Zerspanung eines Werkstücks erfolgt oftmals in mehr als einer Aufspannung. Somit wird hier definiert, dass eine Langzeittemperaturschwankung keinen oder nur einen vernachlässigbar geringen Einfluss auf das Werkstück innerhalb der Zeit einer Aufspannung hat. Das hängt natürlich von der Aufspannungszeit ab. In der hier vorliegenden Arbeit werden Werkstücke betrachtet, bei denen die Zeit für eine komplette Zerspanungsoperation nur einige Minuten dauert.

Ein kurzzeitiger thermischer Einfluss bewirkt Temperaturschwankungen und entsprechende Werkstückverformungen innerhalb der Aufspannungszeit. Die Wärmeeinbringung während der Bearbeitung ist daher der wichtigste kurzzeitig wirkende thermische Einfluss. Damit ist ein erheblicher zeitlicher und räumlicher Temperaturgradient an das Werkstück gebunden.

In Abhängigkeit von der Zeit bis zur nächsten Ausspannung des Werkstücks sind für die nächste Aufspannung zwei mögliche Ausgangszustände zu berücksichtigen. Bei relativ kurzer Verweildauer stellt sich ein Temperaturausgleich innerhalb des Werkstücks ein, die Werkstücktemperatur ist aber immer noch höher als zu Beginn der Bearbeitung in der vorherigen Aufspannung. Demzufolge muss von einer thermisch bedingten Anfangsverformung ausgegangen werden, die als Langzeiteinfluss bezeichnet werden und die zu einer zunehmenden Werkstückungenauigkeit führen kann. Liegt das Werkstück vor der nächsten Bearbeitung länger, kann sich die Werkstücktemperatur wieder an die Umgebungstemperatur angleichen, der Langzeiteinfluss ist vernachlässigbar.

In der vorliegenden Arbeit wird vornehmlich der Kurzzeiteinfluss auf das thermische Verformungsverhalten des Werkstücks behandelt, der unmittelbar aus der Bearbeitungswärme resultiert.

4.2 Wärmeentstehung und -verteilung während der Bearbeitung

Heat Generation and Distribution during Machining

Die Untersuchung und Beurteilung der mechanischen und thermischen Beanspruchung der Werkzeugschneide und der Kontaktzone wurde in unterschiedlichen Arbeiten untersucht. Hauptziel war in der Regel das Verständnis des Bearbeitungsprozesses und damit die Erhöhung der Produktivität, die Senkung des Werkzeugverschleißes und die Verbesserung der Werkstückqualität. LOEWEN und SHAW [LOEW54] erstellten eines der ersten analytischen Modelle zur Berechnung von Temperaturen in der Kontaktzone. Wie andere Autoren auch, analysiert VIEREGGE [VIER70] die Energieumwandlungsstellen (Scherebene, Trenngebiet, Reibungszone Freifläche und Reibungszone Spanfläche) und präsentiert eine Temperaturverteilung in Werkstück, Span und Werkzeug bei der Stahlzerspanung (**Bild 4.1**).

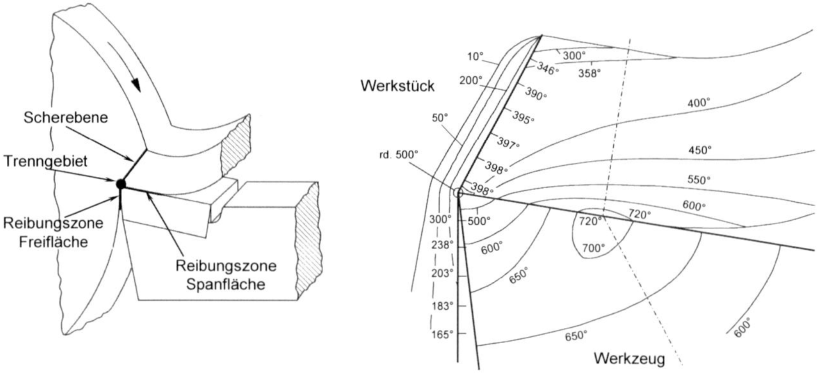

Bild 4.1: Energieumwandlungsstellen und Temperaturfelder in Werkstück, Span und Werkzeug [VIER70]

Energy transformation areas and temperature fields in the workpiece, chip and tool

Die von der Werkzeugmaschine aufgebrachte Zerspanarbeit wird, wie im **Bild 4.2** gezeigt, in unterschiedliche Komponenten zerlegt. Die einzelnen Anteile sind prozessabhängig und ergeben sich aus den technologischen Parametern. Beispielsweise sind die Vorschubgeschwindigkeit und -wege in den meisten Fällen kleiner als die Schnittgeschwindigkeit und -wege. Demzufolge beträgt die Vorschubarbeit beim Drehen nur etwa 0,03 bis 3% der entsprechenden Schnittarbeit. Deshalb werden meistens die Wirkarbeit und die Schnittarbeit gleichgesetzt (**Gleichung 4.1**) [KÖNI08].

$$W_e \approx W_c \quad \textbf{(4.1)}$$

mit: W_e Wirkarbeit
W_c Schnittarbeit

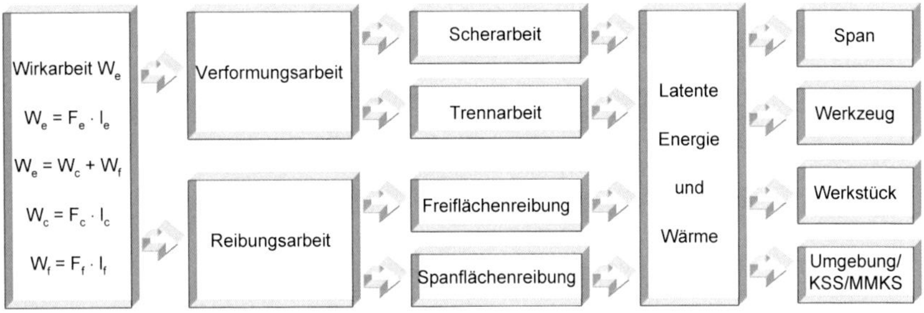

Bild 4.2: Aufteilung der Wirkarbeit beim Zerspanen in Anlehnung an [VIER70], [KÖNI08]
Distribution of active work in machining

Da diese Arbeit auf die Untersuchung des thermischen Verformungsverhaltens des Werkstücks während der Trockenbearbeitung zielt, ist das genaue Erfassen und Beschreiben der Verteilung der Wärme zwischen Werkstück, Werkzeug und Spänen von entscheidender Bedeutung. Die Analyse der Verteilung war bereits Gegenstand unterschiedlicher Untersuchungen. Die Ergebnisse zeigen, dass die technologischen Parameter, die Werkzeuggeometrie und der Schneidstoff sowie der Werkstückwerkstoff einen sehr starken Einfluss auf die Wärmeaufteilung haben. Da im Rahmen dieser Arbeit die Trockenbearbeitung betrachtet wird, kann der Anteil Umgebung/KSS/MMKS vernachlässigt werden.

VIEREGGE [VIER53] untersuchte die Wärmeentstehung und -verteilung für unterschiedliche Werkstoffe anhand des einfachen und übersichtlichen Orthogonalschnitts. Die Verformungsarbeit, also Scherarbeit und Trennarbeit, beansprucht ca. 80% der gesamten Zerspanungsenergie, die Reibungsarbeit nur 20%. Es wurde gezeigt, dass mit kleiner werdenden Schnittgeschwindigkeiten, Vorschüben und Spanwinkeln die in das Werksstück und in das Werkzeug abgeführte Energie größer wird. Der Span nimmt bei höheren Geschwindigkeiten über 90%, das Werkstück 2 - 5% und das Werkzeug 1 - 2% der Gesamtenergie auf. Allerdings wird durch die Betrachtung des Orthogonalschnitts nicht berücksichtigt, dass bei der üblichen Zerspanung auch Wärme seitlich in die Werkstücke fließen kann.

Eine typische Wärmeverteilung bei der Metallzerspanung mit konventioneller Schnittgeschwindigkeit wurde von KRONENBERG [KRON66] untersucht. In diesem Fall nahm der Span 75%, das Werkzeug 18% und das Werkstück 7% der Wärme auf. Zu beachten ist allerdings, dass diese Arbeit aus dem Jahr 1966 stammt und dass die zu dieser Zeit üblichen Schnittgeschwindigkeiten nicht dem heutigen Stand der

Technik entsprechen. Daher sind die Ergebnisse von [KRON66] nicht mehr ausreichend, um die heutigen Hochleistungsprozesse zu beschreiben.

Neuere Untersuchungen zur Verteilung der Wärmeströme bei der Trockenbearbeitung und bei unterschiedlichen Zerspanungsverfahren zeigen, dass die Bandbreite der Anteile relativ groß ist (**Tabelle 4.1**) [SCHM05].

Tabelle 4.1: Verteilung der Wärmeströme bei der Trockenbearbeitung [SCHM05]
Distribution of heat flows in dry machining

Operation	Verteilung der Wärmeströme		
	Werkzeug	**Werkstück**	**Späne**
Bohren	5 - 15%	10 - 35%	55 - 75%
Drehen	2 - 18%	1 - 20%	75 - 96%
Fräsen	5 - 10%	20 - 25%	65 - 75%

Wie die **Tabelle 4.1** zeigt, ist das Bohren der Prozess, der zum größten Wärmeeintrag in das Werkstück führen kann. Zudem wird festgestellt, dass der Wärmeeintrag beim Bohren in erheblichem Umfang von den technologischen Parametern aber auch der Schneidengeometrie abhängt. Somit kann der Wärmeeintrag durch entsprechende Versuche gezielt minimiert werden. Allerdings ist diese Optimierung für jeden Prozess und Bohrer neu durchzuführen, die Ergebnisse eines Prozesses sind meist nicht direkt auf andere übertragbar [SCHM05]. Je nach Bohrtiefe findet ein zusätzlicher Wärmeaustausch zwischen Spänen und Werkstück statt. Je tiefer gebohrt wird, desto größer ist dieser Wärmeübertrag, wobei hier auch der Anteil der Reibungswärme zwischen Bohrer und Werkstück zu berücksichtigen ist.

Zum Bestimmen der Wärmeverteilung entwickelten SCHMIDT und ROUBIK [SCHM49] (siehe **Kapitel 4.3.3**) einen kalorimetrischen Aufbau, der von EISENBLÄTTER [EISE00] optimiert und zum Ermitteln der Gesamt- und Spanwärme beim Bohren in den Vergütungsstahl Ck45K eingesetzt wurde. Der Anteil der über die Späne abgeführten Wärmemenge liegt zwischen 60% und 86% und ist abhängig von Vorschub, Schnittgeschwindigkeit und Werkzeugbeschichtung. Es wird gezeigt, dass bei höherem Vorschub oder höherer Schnittgeschwindigkeit der Anteil der in die Späne fließenden Wärme zunimmt [EISE00].

Den Temperaturverlauf beim Hochgeschwindigkeits- und Hochleistungsbohren im Hinblick auf das Bestimmen der thermo-mechanischen Belastung von Werkstücken hat WEINERT mit Hilfe eines Versuchsaufbaus bestimmt [WEIN06]. Zum Vereinfachen der Parametervariation wurde eine Aufnahme mit integrierten Thermoelementen entwickelt, in die Versuchswerkstücke eingesetzt wurden. Der Einfluss des damit relativ großen Abstands zur Bohrung sowie der Einfluss des Wärmeübergangs zwischen Werkstück und Vorrichtung wurden nicht diskutiert. Über den Wärmefluss und die Parameter, die aus den Versuchen abgeleitet wurden, um damit FEM-Simulationen der Bearbeitung zu ermöglichen, wurden keine Angaben gemacht.

Der Einfluss der Wärme auf die Werkstückverformungen beim Bohren wurde in den bisher verfügbaren und diskutierten Arbeiten nicht untersucht.

4.3 Messtechnische Ermittlung der Bearbeitungswärme und der Temperaturen

Experimental Determination of Machining Heat and Temperatures

4.3.1 Verfahren zum Messen von Temperaturen

Temperature Measurement Methods

Um die thermischen Vorgänge, die während der Bearbeitung im Zerspanungssystem ablaufen, zu analysieren, werden in der Regel messtechnische Untersuchungen durchgeführt. Dabei werden die Temperaturen an Werkzeug, Werkstück und/oder an der Maschine erfasst, um daraus Rückschlüsse auf die Wärmeentwicklung durch den Arbeitsprozess zu ermöglichen.

Die Schnitttemperaturen und damit die generierte Wärme, die unmittelbar in der Scherzone auftreten, sind schwierig zu messen. Während z.B. die Schnittkraft über kalibrierte Elemente auch in einigem Abstand zur Schnittzone mit Piezoelementen gemessen werden kann, müsste die Temperatur unmittelbar an der hochbelasteten Schneide oder im angrenzenden Werkstoff gemessen werden. Zudem ist die Schnittkraft durch einen Vektor bzw. seine drei orthogonalen Komponenten eindeutig bestimmt. Demgegenüber ist die Temperatur ein Skalarfeld, das sich durch das Gesamtsystem ändern und nicht mit einer begrenzten Anzahl von Werten einiger weniger Messpunkte eindeutig beschrieben werden kann. Aus diesem Grund wurden unterschiedliche Messmethoden und physikalische Messprinzipien zum Bestimmen von Temperaturen entwickelt [STEP96]. Im Folgenden wird ein Überblick über unterschiedliche Messverfahren nach [KASS82], [KÖNI08] und [TEST06] gegeben:

- Thermocolorfarben
  - Farbanstrich auf einer freien Fläche des Werkzeugs oder Werkstücks
  - Farbanstrich auf der Innenfläche des geteilten Werkzeugs oder Werkstücks
  - Thermoempfindliche Aufkleber
- Thermoelektrische Messung
  - Ein- und Zweimeißelmethode
  - Thermoelemente
  - Einbau eines isolierten Drahtes als Thermopartner
- Strahlungsmessung
  - Strahlungspyrometer
  - Infrarot-Foto-Thermometrie

- Gefügeänderung

Im Rahmen dieser Arbeit werden Thermoelemente bzw. die so genannten Miniatur-Mantelthermoelemente als Temperatursensor angewendet, da sie universelle Einsatzmöglichkeiten bieten.

Miniatur-Mantelthermoelemente bestehen grundsätzlich aus zwei Adern, dem Thermopaar, die durch hochtemperaturfestes, keramisches Pulver isoliert und in einem Metallmantel, als Schutz gegen mechanische und chemische Einwirkungen, eingebettet sind. Weitere Vorteile sind die kleine Bauform und die hohe Flexibilität, welche die Anwendung an schlecht zugänglichen Stellen ermöglicht [THER06], [WEIC81].

Die Thermoelemente weisen aber auch Nachteile auf. Da der räumliche Temperaturgradient während der Zerspanung hoch sein kann, wird die Messgenauigkeit sehr stark von der Positionierung der Sensorspitze beeinflusst. Ein guter thermischer Kontakt zwischen Messspitze und -objekt muss gewährleistet sein. Die Vorbereitung des Messobjektes ist gegebenenfalls sehr aufwendig. Darüber hinaus wird das zu messende Temperaturfeld durch die Bohrung, durch die das Thermoelement an die Messstelle geführt wird, gestört. Es wird daher nicht die wirklich vorhandene, sondern eine durch den Messfühler veränderte Temperatur gemessen [STEP96]. Durch Variation der Messposition kann dieser Einfluss bewertet werden.

Da die Temperaturänderung des Messfühlers aus einem zeitabhängigen Wärmetransport resultiert, folgt der Temperaturfühler der Temperatur des Messobjekts mit einer gewissen zeitlichen Verzögerung. Dieses als Anzeigeverzögerung bezeichnete Zeitverhalten des Thermometers lässt sich durch die in **Bild 4.3** dargestellte Sprungantwort beschreiben. Dargestellt ist der zeitliche Verlauf der Thermometeranzeige als Antwort auf eine sprungförmige Änderung der zu messenden Temperatur.

Dieses Verhalten wird durch die Übergangsfunktion $\eta(t)$ gekennzeichnet. Dabei wird die bis zur jeweiligen Übergangszeit erfolgte Änderung der Temperaturanzeige auf die Höhe des Temperatursprungs bezogen [EDLE99]:

$$\eta(t) = \frac{T_T(t) - T_{M1}}{T_{M2} - T_{M1}} \qquad \textbf{(4.2)}$$

mit: $\eta(t)$ Übergangsfunktion eines Thermometers

$T_T(t)$ angezeigte Temperatur zum Zeitpunkt t

T_{M1}, T_{M2} Temperatur des Messobjekts vor und nach dem Temperatursprung

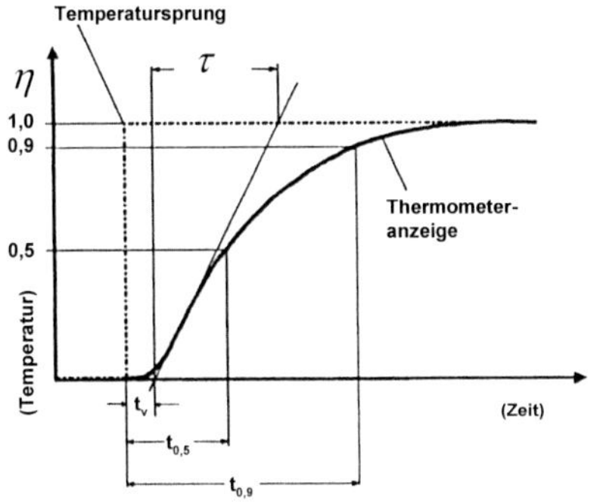

$t_{0,5}$ Halbwertzeit $\eta = 0,5$

$t_{0,9}$ Neunzehntelwertzeit $\eta = 0,9$

τ Zeitkonstante des Thermometers

t_v Verzugszeit

Bild 4.3: Sprungantwort eines Berührungsthermometers [EDLE99]
Step response of a contact thermometer

Als Hilfsmittel zur Beschreibung und zum Vergleich verschiedener Thermometer werden die im **Bild 4.3** gezeigten Übergangszeiten $t_{0,5}$ und $t_{0,9}$ verwendet, zu den die entsprechenden Werte der Übergangsfunktion $\eta(t_{0,5}) = 0,5$ und $\eta(t_{0,9}) = 0,9$ gehören. Die mathematische Beschreibung der Sprungantwort eines Thermometers ist durch eine unendliche Summe von Exponentialfunktionen möglich [EDLE99]:

$$\eta(t) = 1 - \sum a_i \cdot e^{(-t/\tau_i)} \quad \textbf{(4.3)}$$

Die Konstanten a_i und τ_i hängen von den Wärmeübertragungsbedingungen und dem Thermometeraufbau ab. Aus der Wendetangente (**Bild 4.3**) lassen sich die Zeitkonstante τ und die Verzugszeit t_v annähernd abschätzen. Für die Übertragungsfunktion ergibt sich die vereinfachte **Gleichung 4.4**. [EDLE99].

$$\eta(t) = 1 - e^{\left(-\frac{t-t_v}{\tau}\right)} \quad \textbf{(4.4)}$$

Der Verlauf der Übergangsfunktion und damit das dynamische Verhalten des Thermometers werden stark beeinflusst von der Konstruktion und den Einbaubedingungen des Thermometers sowie von den Bedingungen des Wärmeübergangs zwischen dem Messobjekt und dem Messfühler des Thermometers. Wenn eine ausreichende Dynamik bei der Erfassung der zu messenden Temperaturen gefordert wird, ist ein möglichst kleiner Messfühler mit geringer Masse und damit niedriger Wärmekapazität einzusetzen. Wichtig ist zudem eine Ankopplung an das Messobjekt, die einen möglichst direkten Wärmeübergang ermöglicht [EDLE99].

Für die Miniatur-Mantelthermoelemente kann die Messstelle oder Heißlötstelle, also der sensitive Teil eines Elementes, in verschiedenen Formen ausgeführt sein (**Bild 4.4**) [THER06], [WEIC81]. Die im Bild dargestellten Ausführungen TI, TIL und TIS sind elektrisch isoliert, so dass Messstörungen minimiert werden. Bei den Ausführungen TM, TML und TMS ist die Messstelle mit dem Metallmantel verlötet. In diesem Fall entfällt der Vorteil der elektrischen Isolierung, aber das dynamische Verhalten des Sensors verbessert sich und die Antwortzeit wird um ca. 20% reduziert. Bei kleinerem Durchmesser der Heißlötstelle, wie beispielsweise die Ausführung TIS anstatt von TI, ergeben sich ähnliche Eigenschaften [THER06].

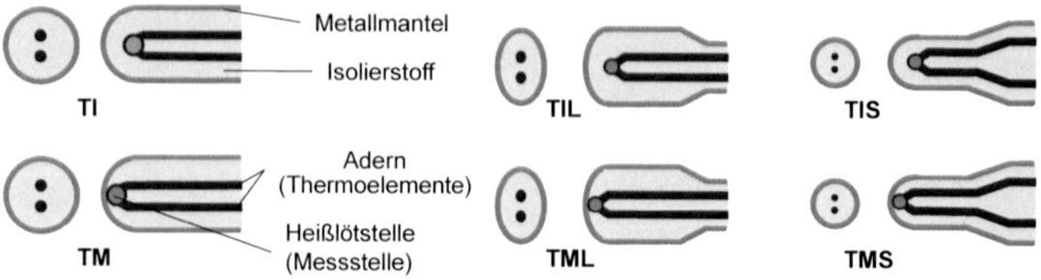

Bild 4.4: Messstellenausführungen [THER06], [WEIC81]
Measuring points designs

Nach dem Herstellerkatalog von Miniatur-Mantelthermoelementen ist eine Zeitkonstante von τ = 100 ms für ein Thermoelement mit Durchmesser d = 0,25 mm üblich [THER06]. In dieser Arbeit wurden Thermoelemente mit Durchmesser d = 0,50 mm verwendet. Eine Analyse über die Antwortzeit während der Untersuchungen wird in **Kapitel 5.3.5** dargestellt.

4.3.2 Das inverse Wärmeleitproblem

The Inverse Heat Transfer Problem

Die durch die Zerspanung erzeugte Wärmemenge und der Wärmefluss können nicht direkt erfasst werden, deshalb wird die Fragestellung umgekehrt und über Temperaturmessungen werden die Wärmeströme berechnet. Bei dieser Vorgehensweise ist mathematisch ein inverses Problem, das inverse Wärmeleitproblem zum Bestimmen von Wärmeströmen, zu lösen. Ausgangspunkt ist die Messung von Temperaturen an benachbarten Orten. Da die entsprechenden Differentialgleichungen in ihrer Standardform nur die Berechnung von Temperaturverteilungen als Ursache eines bekannten Wärmestroms zulassen, müssen für die Lösung des inversen Problems andere mathematische Methoden angewendet werden. Unterschiede in der Problemstellung bestehen zum Beispiel in der räumlichen Dimension, der Anzahl und Verteilung der Quellen. Zudem ist zu berücksichtigen, ob es sich um ein stationäres oder ein Problem mit zeitlicher Abhängigkeit handelt. Auch die mathematischen Methoden zur Lösung der Gleichungen und zur iterativen Prozedur sind sehr unterschiedlich.

CHEN, LING und FANG [CHEN01] bestimmten die instationäre Oberflächentemperatur in einem zweidimensionalen Problem mit einer hybriden Methode, die zur Lösung eine Laplace Transformation und ein numerisches Finite-Differenzen-Verfahren verwendet. BATTAGLIA et al. [BATT01] und CHEN, TSAO und LIANG [CHEN97] berechneten den in den Drehmeißel fließenden instationären Wärmestrom mit Temperaturmessungen mittels Thermoelementen im Schneidebereich. YANG

[YANG99] behandelt ein Problem mit zwei unbekannten Wärmequellen. LE NILIOT und LEFÈVRE [LENI01] haben die Quellenstärke mehrerer linearer Wärmequellen in einem Körper mit Hilfe einer iterativen Prozedur bestimmt, wobei zur Temperaturmessung an der Oberfläche eine Infrarotkamera eingesetzt wurde. Weitere Methoden zur Lösung von ein- oder zweidimensionalen inversen Problemen finden sich bei CHANTASIRIWAN [CHAN99], TALER und ZIMA [TALE99] sowie NGUYEN und PRYSTAY [NGUY99]. Dreidimensionale inverse Wärmeleitungsprobleme mit einer numerischen Berechnung des Wärmestroms mittels eines kommerziellen Programms wurden zum Beispiel von HUANG und WANG [HUAN99] untersucht. DYCK [DYCK07] hat das inverse Wärmeleitproblem für einen gemessenen Temperaturverlauf durch ein iteratives Näherungsverfahren gelöst.

In all diesen angesprochenen Arbeiten wird entweder nur die Zerspanzone oder ein geometrisch einfaches Werkstück betrachtet. Demgegenüber wird im Rahmen dieser Arbeit das thermische Verformungsverhalten eines Werkstücks (Getriebegehäuse) untersucht, das eine komplexe Geometrie besitzt. Darüber hinaus werden in die Betrachtung mehrere, aufeinander folgende Bohrprozesse an unterschiedlichen Stellen des Werkstücks einbezogen. Die Wechselwirkung des Wärmeeintrags an den unterschiedlichen Wirkstellen wird analysiert. Für eine derart komplexe Aufgabe mit unterschiedlichen Wirkorten und zeitlichen Verläufen sind die bisher verfügbaren und dokumentierten Lösungen nicht anwendbar.

4.3.3 Kalorimetrische Ermittlung der Bearbeitungswärme

Calorimetric Determination of the Machining Heat

Wärme kann man als eine Energiemenge definieren, die in einer gewissen Zeit als Wärmestrom ausgetauscht wird. Mit einem Kalorimeter ist es möglich, diese Wärme zu messen. Für verschiedene Anwendungsfälle wurden unterschiedliche Arten, Aufbauten und Messprinzipien von Kalorimetern entwickelt [HEMM79].

Beispielsweise wurde von SCHMIDT und ROUBIK [SCHM49] der in **Bild 4.5** gezeigte Messaufbau entwickelt, der für die kalorimetrische Untersuchung der Wärmeverteilung beim Bohren verwendet wurde. Das Prinzip der Messapparatur beruht auf der Messung der Temperaturänderung einer bestimmten Menge von Wasser während der Bearbeitung („a" und „c") oder nach dem Eintauchen des Werkzeugs („b"). Mit dem Aufbau „a" wird die Gesamtwärme (Späne, Werkzeug und Werkstück), mit dem Aufbau „b" die Werkzeugwärme und mit dem Aufbau „c" die von den Spänen aufgenommene Wärme, die Spanwärme, gemessen. Mit Hilfe der Messwerte kann die Werkstückwärme rechnerisch ermitteln werden.

Mit einem weiter entwickelten aber ähnlichem Aufbau untersuchte Eisenblätter [EISE00], wie bereits erläutert, die Gesamt- und Spanwärme beim Bohren. In Abhängigkeit von den technologischen Parametern wurden 60% bis 86% der erzeugten Wärme über die Späne abgeführt. Mit steigendem Vorschub oder steigender Schnittgeschwindigkeit erhöht sich der Anteil der von den Spänen aufgenommenen Wärme [EISE00].

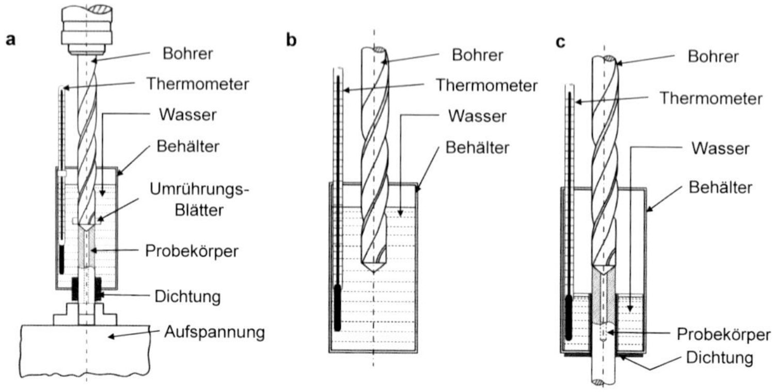

Bild 4.5: Messaufbauten für die kalorimetrische Ermittlung der Zerspanungswärme beim Bohren [SCHM49, EISE00]

Measurement setup for calorimetric determination of drilling heat

DYCK [DYCK07] hat die Kalorimetrie zum Bestimmen des Wärmeeintrags beim Trockenbohren am Beispiel der Graugussbearbeitung mit konventionellen Schnittdaten angewandt und aufgrund der Praktikabilität nach ersten Versuchen nicht weiter verfolgt.

4.3.4 Bestimmen der Werkstückwärme für die thermische Simulation

Determination of Workpiece Heat for Thermal Simulation

Das Hauptproblem bei der Simulation des Temperaturfeldes bzw. der thermoelastischen Verformung eines Bauteils ist das genaue Bestimmen der im Werkstück fließenden Wärmeströme. In der Literatur sind unterschiedliche Ansätze zur Lösung dieses Problems erläutert. Ein häufig angewendeter Ansatz ist eine iterative Methode, die auf dem Abgleich der simulierten Temperatur mit einem messtechnisch ermittelten Wert beruht. Die Übereinstimmung zwischen simulierten und messtechnisch gewonnenen Temperaturen wird über die Anpassung der Eingangsvariablen, in der Regel den Wärmeströmen, erreicht. Damit wird ein inverses Wärmeleitproblem gelöst, wobei in Abhängigkeit vom Modellaufbau und/oder der Geometriekomplexität die Übereinstimmung des Gesamttemperaturfeldes nicht gewährleistet werden kann, da die Lösung im allgemeinen nicht stetig von den Grundbedingungen abhängt.

DOLLMEIER [DOLL01] berechnete mit Hilfe der Methode finiter Elemente die Temperaturverteilung und die thermoelastische Verformung des Werkstücks für den Prozess des Hartdrehens. Die Zerspanleistung wurde über die messtechnisch ermittelte Schnittkraft errechnet. Die im Werkstück und Werkzeug fließenden Wärmeströme wurden als Anteile der Schnittleistung mit Hilfe von

Wärmeverteilungskoeffizienten beschrieben, die für das Werkstück und das Werkzeug festgelegt wurden. Durch die Variation des Wärmestroms, der als Anteil der Schnittleistung mit Hilfe der Wärmeverteilungskoeffizienten bestimmt wurde, konnte eine Übereinstimmung von gemessenen und berechneten Temperaturen erreicht werden [DOLL01]. Die Arbeiten von SUBRAMANI [SUBR91] und YOKOYAMA [YOKO91] sind weitere Beispiele für den Abgleich zwischen gemessenen und simulierten Temperaturen.

Andere Autoren modellierten die Gesamtwärmeerzeugung und schätzten den Wärmeanteil, der im Werkstück fließt [ICHI74], [KAKA93], [STEP95]. Diese Abschätzungen basierten auf der Auswertung von Literatur und Erfahrung. Eine solche Abschätzung kann durch den Abgleich mit realen Messungen präzisiert werden.

Die im Werkstück gespeicherte Wärme wurde von SUKAYLO [SUKA03] als Abgleichparameter verwendet. Das durch die Bearbeitung verursachte instationäre Temperaturfeld wurde mittels FE-Simulation unter Berücksichtigung von Konvektion berechnet. Am Ende der thermischen Bearbeitungssimulation wurde der Temperaturausgleich des Werkstücks ohne Wärmeaustausch mit der Umgebung berechnet. Die Differenz zwischen Anfangs- und Endtemperatur des Werkstücks und dessen thermische und geometrische Eigenschaften lieferten die im Werkstück gespeicherte Wärme. Dieser Wert wurde anschließend mit einer kalorimetrischen Messung bei einem Zerspanungsversuch abgeglichen. Durch diesen Abgleich konnten die Eingangsparameter der Simulation angepasst werden [SUKA03].

DYCK [DYCK07] hat den Wärmeeintrag ins Werkstück auf der Basis von gemessenen Temperaturen durch zwei Ansätze bestimmt: eine Energiebilanz und die Lösung des inversen Wärmeleitproblems mit Hilfe eines iterativen Näherungsverfahren.

In **Kapitel 5** wird die im Rahmen dieser Arbeit entwickelte Methode dargestellt, welche die im Werkstück fließende Wärme bestimmt.

5 Untersuchung und Simulation des Verhaltens von Probewerkstücken

Investigation and Simulation of Sample Workpieces Behavior

Im Folgenden werden verschiedene Methoden untersucht, um eine optimale Vorgehensweise zum simulationsgestützten Analysieren der wärmeinduzierten Bauteilverformungen beim Bohren zu entwickeln.

5.1 Temperaturverteilung beim Bohren in einem Einfachwerkstück aus Magnesium

Temperature Distribution in Drilling in a Magnesium Simple Workpiece

Mit dem Ziel, das Verformungsverhalten von Werkstücken infolge der Prozesswärme und des damit verbundenen instationären Temperaturfelds zu berechnen, wurde im ersten Schritt ein einfaches Magnesium-Probewerkstück entwickelt. Dieses Werkstück wurde durch ein FE-Simulationsmodell nachgebildet.

Zum Abgleich zwischen Simulation und realem thermoelastischen Werkstückverhalten wurden Bohrungen (l_b = 20 mm) ohne Einsatz von Kühlschmiermittel (Trockenbearbeitung) in das quaderförmige Versuchswerkstück eingebracht. Das Versuchswerkstück bestand aus der Magnesium-Legierung AZ91 und wurde in einer Spannvorrichtung fixiert, die über einen 2-Komponenten-Dynamometer an die maschinenseitige Aufspannung angeflanscht war (**Bild 5.1**). Der Dynamometer diente der Messung von Drehmoment und Vorschubkraft beim Bohren.

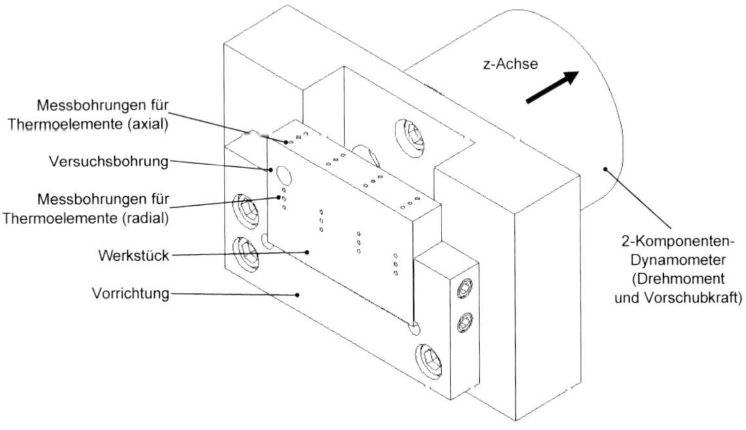

Bild 5.1: Messaufbau für Temperaturen, Drehmoment und Vorschubkraft beim Bohren
Measurement setup for temperature, torque and feed force in drilling

In dieses Werkstück wurden nacheinander mehrere Durchgangsbohrungen mit einem Durchmesser von d = 10,2 mm ins Volle eingebracht. Während der Bohroperationen wurde an verschiedenen Stellen mit Thermoelementen die Werkstücktemperatur gemessen. Die Temperatursensoren waren mit Wärmeleitpaste in die zuvor eingebrachten Messbohrungen appliziert, um einen direkten Kontakt und damit einen guten Wärmeübergang zwischen Werkstück und Sensorspitze zu gewährleisten. Je eingebrachter Versuchsbohrung wurde das zeitlich variierende Temperaturfeld mit sechs Thermoelementen erfasst. Drei Thermoelemente wurden in speziell vorbereitete Messbohrungen eingeführt, mit denen in axialer Richtung, also in Richtung der Bohrtiefe, der Temperaturverlauf an der zu erzeugenden Wand der Versuchsbohrung (Abstand Messpunkt-Bohrmantel l = 1,4 mm), gemessen werden konnte (**Bild 5.1**). Drei weitere Thermoelemente wurden in Messbohrungen eingesetzt, die radial zur Bohrungsmitte in Versuchsbohrungen in 5 mm Tiefe angebracht wurden. Damit konnte die Temperaturverteilung und damit der Wärmefluss, ausgehend von der Bohrung, im Werkstück erfasst werden.

Das Versuchswerkstück wurde in einem FE-Modell abgebildet. Aus Symmetrie- und Darstellungsgründen ist in **Bild 5.2** nur das halbe Modell des Werkstücks gezeigt. In dem FE-Modell wurden Referenzknoten definiert, deren Positionen mit hoher Genauigkeit mit denen der Thermoelemente im realen Testwerkstück übereinstimmten. Hierdurch konnten die Temperaturen zwischen Simulation und realer Werkstücktemperatur direkt abgeglichen werden.

Der kontinuierliche Materialabtrag, wie er im Versuchswerkstück durch den Bohrvorgang stattfindet, wurde im FE-Simulationsmodell nicht nachgebildet. Um dennoch den Bohrfortschritt simulieren zu können, wurde die Bohrmantelfläche in acht zylinderförmige Ringsegmente unterteilt. Jedes dieser Ringsegmente wurde in Abhängigkeit von der Position der Bohrerspitze mit einem zeitlich variablen Wärmestrom beaufschlagt, der dem in das Werkstück abfließenden Bearbeitungswärmestrom entspricht und im Folgenden hergeleitet wird. Der nicht berücksichtige Einfluss der Wärmefront vor der Bohrerspitze wird in **Kapitel 5.1.1** beschrieben.

Die Bearbeitungsversuche wurden mit einer Drehzahl von $n = 8.000\ min^{-1}$ ($v_c = 256$ m/min) und einem Vorschub von $f = 0,5$ mm ($v_f = 4.000$ mm/min) durchgeführt. Bei einer Werkstücktiefe von $l_b = 20$ mm ergab sich somit eine Bearbeitungsdauer von $t_B = 0,3$ s je Bohrung. Zusätzlich zu der Temperaturmessung wurde gleichzeitig das aufgebrachte Bohrmoment mit dem Dynamometer gemessen, auf den das Werkstück gespannt war. Die Schnittarbeit wird nach **Gleichung 5.1** berechnet.

$$W_c = n \cdot \frac{2\pi}{60} \cdot \int_{t_s}^{t_e} M_d(t)dt \qquad \textbf{(5.1)}$$

mit: W_C Schnittarbeit
n Drehzahl
M_d Drehmoment
t_e Endzeit
t_s Startzeit

In diesem Beispiel beträgt die Schnittarbeit W_c = 705 J. Da die Vorschubarbeit (W_f = 11 J) viel kleiner als die Schnittarbeit ist, kann die gesamte Wirkarbeit W_e der Schnittarbeit W_c gleichgesetzt werden (**Gleichung 4.1**).

Für eine erste Abschätzung wird entsprechend der einschlägigen Literatur angenommen, dass lediglich 10% der Wirkarbeit (W_e) als Wärme in das Werkstück einfließen und der Rest über die Späne und das Werkzeug abgeführt wird [SCHM05, EISE00].

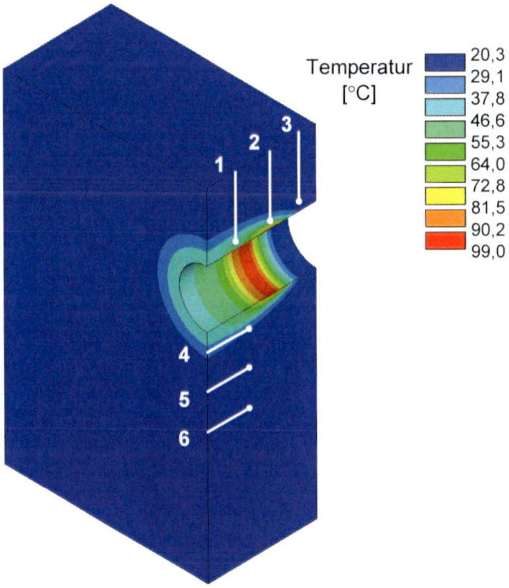

Bild 5.2: Simulation (ANSYS) eines Magnesium-Werkstückes
Simulation (ANSYS) of a magnesium workpiece

Der direkte Vergleich zwischen den am Punkt 3 gemessenen Temperaturen und den direkt an dem entsprechenden Referenzknoten des FE-Modells berechneten Temperaturen zeigt zunächst, dass die thermischen Wärmeleitvorgänge im Werkstück in extrem kurzer Zeit ablaufen. Die berechneten Temperaturen sind deutlich höher als die gemessenen Werte. Zudem ist der simulierte

Temperaturgradient insbesondere zu Prozessbeginn deutlich größer als der messtechnisch bestimmte Verlauf. Weiterhin fällt die berechnete Temperatur schneller auf ein niedrigeres Niveau. Der Unterschied ist im Wesentlichen auf die Trägheit und das Speichervermögen der eingesetzten Thermoelemente zurück zu führen, **Bild 5.3**. Als weitere Ursache für die deutlichen Abweichungen zwischen Messung und Simulation ist der, zwischen der Messspitze des Thermoelements und der Mantelfläche der Messbohrung, vorhandene Wärmeübergangswiderstand (Kontaktwiderstand) zu berücksichtigen.

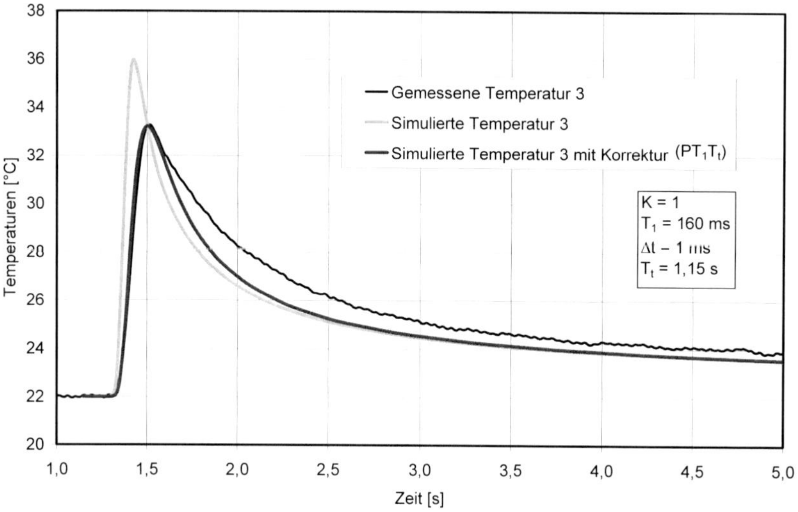

Bild 5.3: Temperaturmessung und FE-Simulation (ANSYS) eines Mg-Werkstücks
Temperature measurement and FE simulation (ANSYS) of a Mg-workpiece

Um diese Einflüsse zu berücksichtigen, können die Ergebnisse der FE-Simulation rechnerisch verzögert werden, indem sie für diskrete Zeitschritte durch ein numerisches PT_1T_t-Verzögerungsglied mit einer Zeitkonstante T_1, einem Übertragungsbeiwert K und einer Totzeit T_t nachbearbeitet werden (**Gleichung 5.2**). Der Parameter T1 = 160 ms wurde iterativ durch Anpassung der Simulationsergebnisse an die Messergebnisse bestimmt. In **Kapitel 4.3.1** wurde die Zeitkonstante für Miniatur-Mantelthermoelemente mit Durchmesser d = 0,25 mm als 100 ms angegeben. Bei der Untersuchung wurde ein Durchmesser von d = 0,50 mm verwendet, was eine höhere Zeitkonstante bedeutet. Dazu kommt, dass der ermittelte Parameter für den gesamten Messaufbau gilt.

Man geht davon aus, dass nur eine Messverzögerung und keine Verstärkung oder Dämpfung vorliegt. Deshalb wurde ein Übertragungsbeiwert von K = 1 gewählt. Die Totzeit T_t = 1,15 s hat in diesem Fall keine große physikalische Bedeutung und dient nur als Synchronisationsfaktor zwischen Startzeit der Simulation und Messung. Die

Abtastrate war $\Delta t = 1$ ms. Die Beurteilung erfolgte anhand des Verlaufs des Temperaturanstiegs und der maximalen Temperatur. Der Abkühlvorgang wird durch das entwickelte Simulationsmodell weniger gut beschrieben.

$$T_{Sk(n)} = \left\{ \left(\frac{1}{\frac{T_1}{\Delta t} + 1} \right) \cdot \left[\left(K \cdot T_{S(n)} \right) + \left(\frac{T_1}{\Delta t} \cdot T_{Sk(n-1)} \right) \right] \right\} \tag{5.2}$$

mit:

$T_{Sk(n)}$	korrigiert simulierte Temperatur bei Zeitinkrement n
$T_{Sk(n-1)}$	korrigiert simulierte Temperatur bei Zeitinkrement n-1
$T_{S(n)}$	simulierte Temperatur bei Zeitinkrement n
T_1	Zeitkonstant PT_1-Verzögerungsglied
K	Übertragungsbeiwert Verzögerungsglied
Δt	Abtastrate, Zeitdifferenz zwischen n und n-1

Als wesentlicher Faktor, durch den die Qualität des Simulationsmodells beeinflusst wird, ist die Wärmeeinbringung zu nennen. In dem vorliegenden Fall wurde diese mit 10% der Zerspanungsleistung angenommen, ein Wert der relativ unsicher ist und der von den Bearbeitungsparametern abhängt. Bei fehlerhafter Annahme der Wärmeeinbringung kann das Modell zwar über die Parameter des Verzögerungsgliedes korrigiert werden, dies setzt allerdings voraus, dass das Temperaturfeld bekannt ist, so dass ein Abgleich von Messwert und Simulationsergebnis möglich ist. Dennoch wird das Ergebnis nach wie vor durch die physikalischen Eigenschaften der Sensoren beeinträchtigt. Korrekte Ergebnisse sind mit diesem Modell nur bei Kenntnis des Wärmeeintrags zu erzielen.

Aufgrund der beschriebenen Problematik wurde eine andere Methode entwickelt, die in **Kapitel 5.2** vorgestellt wird. Wie gezeigt werden wird, kann mit dieser Methode der Wärmeeintrag mit ausreichender Genauigkeit bestimmt und somit das Ausdehnungsverhalten von Werkstücken beim Bohren hinreichend exakt berechnet werden. Es wird auch gezeigt, dass der Abgleich zwischen gemessenen und simulierten Temperaturen von den unbekannten PT_1T_t-Parametern abhängig bleibt, der Abgleich aber nicht in jeder Anwendung unbedingt erforderlich ist. Die Ausdehnung des Werkstücks kann, entsprechend der Zielsetzung dieser Arbeit, mit guter Übereinstimmung zwischen Messung Rechnung simuliert werden.

Der Simulationsaufbau, die verwendeten Elementtypen, Freiheitsgrade, Lastschritte (*Load steps*), die Kopplung zwischen thermischer und strukturmechanischer Berechnung, usw. werden auch ausführlich in **Kapitel 5.3.1** erläutert.

5.1.1 Einfluss der Wärmefront vor der Bohrerspitze

Influence of the heat front ahead of the drill bit

Der Wärmestrom für die Simulation im **Bild 5.2** wurde nur in der Bohrmantelfläche beaufschlagt. In diesem Abschnitt wird analytisch gezeigt, welchen Einfluss die Wärmefront vor der Bohrerspitze auf die Temperaturverteilung und thermoelastische Ausdehnung des Bauteils hat. Dafür wird das System im **Bild 5.4** beschrieben und mit einem Beispiel gelöst.

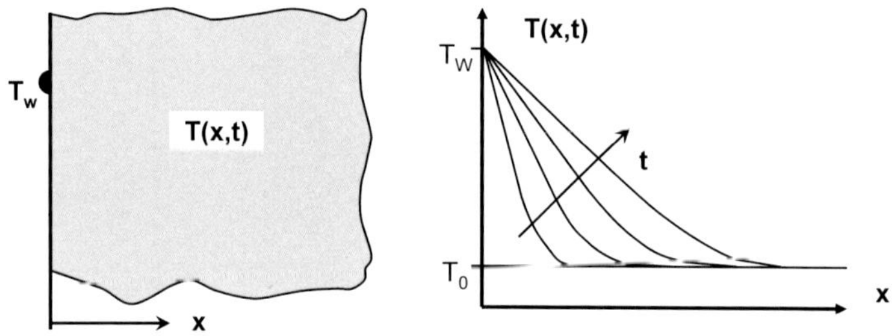

Bild 5.4: Beschreibung eines halbunendlichen Körpers mit plötzlicher Änderung der Wandtemperatur in Anlehnung an [LANG06]

Description of a semi-infinite body with abrupt surface temperature change

Betrachtet wird der Aufheizprozess eines Körpers, in dem örtliche Temperaturunterschiede nur senkrecht zur wärmeaustauschenden Oberfläche auftreten und der in dieser Richtung unendlich ausgedehnt ist (**Bild 5.4** links). Zum Zeitpunkt t = 0 s herrscht im Körper die einheitliche Temperatur T_0. Der Wärmeaustausch erfolgt durch Beaufschlagung der Oberfläche mit konstanter Temperatur T_W. Die Temperaturprofile für verschiedene Zeiten sind in **Bild 5.4** rechts schematisch dargestellt [LANG06].

Die Temperaturfelder werden durch die FOURIERsche Differenzialgleichung (**Gleichung 2.1**) beschrieben. Hier reicht die Gleichung in eindimensionaler Form:

$$\frac{\partial T}{\partial t} = a \cdot \left(\frac{\partial^2 T}{\partial x^2} \right) \qquad \textbf{(5.3)}$$

mit: $a = \lambda/(\rho \cdot c_p)$ Temperaturleitfähigkeit des Materials

Die Lösung des Problems wird durch Substitution der Variablen

$$\mu = \frac{x}{2 \cdot \sqrt{a \cdot t}} \qquad \textbf{(5.4)}$$

möglich.

In diesem bestimmten Fall kann der Wert der GAUßschen Fehlerfunktion durch

$$\mathrm{erf}(\mu) = \frac{T(\mu) - T_w}{T_0 - T_w} \qquad \textbf{(5.5)}$$

berechnet werden [LANG06].

Damit kann nun ein Beispiel gelöst werden, welches den möglichen Einfluss der Wärmefront vor der Bohrerspitze darstellt. Angenommen wird ein Bauteil aus Magnesium mit Anfangstemperatur T_0 = 20°C und Werkstoffeigenschaften wie in **Tabelle 5.8**. Die Temperaturleitfähigkeit dieses Werkstoffes beträgt a = 42,59 mm²/s. Auf der Oberfläche wird eine Temperatur T_w = 150°C beaufschlagt. Dieser Wert entspricht weniger als die Hälfte der maximal gezeigten Temperatur in **Bild 2.7** (400°C), dort wird Stahl, hier Magnesium zerspant. Gesucht wird: nach welcher Zeit 10 mm (l_b/2, **Bild 5.1**) unterhalb der Oberfläche und in welcher Tiefe nach 0,3 s (t_B, **Bild 5.1**) die Temperatur T(µ) = 75°C erreicht ist.

Durch die **Gleichung 5.5** wird erf(µ) = 0,5769 berechnet und damit µ = 0,5664 ermittelt. Aus der **Gleichung 5.4** wird abgeleitet, dass nach t = 1,8 s 10 mm unterhalb der Oberfläche die Temperatur 75°C erreicht und nach t = 0,3 s die 75°C bei einer Tiefe von x = 4,05 mm liegt.

Damit kommt man zu der logischen Schlussfolgerung, dass durch die sehr hohe Schnitt- und Vorschubgeschwindigkeit die Wärme vor der Bohrerspitze mit den Spänen abgetragen wird und einen vernachlässigbaren Einfluss auf das Temperaturfeld und thermoelastische Ausdehnung des Bauteils hat.

Diese Aussage ist für die Zerspanung von Leichtmetallen allgemein gültig, weil die Bearbeitungsparameter, Schnitt- und Vorschubgeschwindigkeit, meistens sehr hoch sind. Der Einfluss des Bauteilwerkstoffes bleibt eingeschränkt. Nur eine ausgeprägte Erhöhung der Temperaturleitfähigkeit des Materials, d.h. niedrigere Dichte, niedrigere spezifische Wärmekapazität und höhere Wärmeleitfähigkeit, würde zu einem signifikanten Anstieg der Ausbreitungsgeschwindigkeit der Wärme führen. Für die Leichtmetalle der **Tabelle 2.1** würden sich die berechnete Zeit und Tiefe für die extreme Magnesium-Legierung nur auf t = 1,1 s und x = 5,30 mm ändern.

BIERMANN und IOVKOV [BIER13b] haben experimental gezeigt, dass der Temperaturanstieg 5 mm vor der Bohrerspitze am Ende der Bearbeitung stark von der Vorschubgeschwindigkeit abhängt. Während der Zerspanung von AlSi9Cu3 (d = 10 mm) war die maximal gemessene Temperatur bei v_f = 318 mm/min ca. 105°C und bei v_f = 1623 mm/min ca. 30°C. In diesem letzten Fall stieg die Temperatur nach dem Ende der Zerspanung. Das bestätigt die vorher getätigte Aussage, dass die Wärmefront mit den Spänen abgetragen wird. In der hier vorliegenden Arbeit wurde für Leichtmetalle (Aluminium und Magnesium) mit Vorschubgeschwindigkeiten zwischen 1.560 mm/min bis 6.400 mm/min gebohrt.

5.2 Messtechnische Untersuchung von Temperaturen und Ausdehnung an einem langen Werkstück

Metrological Investigation of Temperatures and Expansion at a long Workpiece

Ein Ziel dieser Arbeit ist es, ein Simulationsverfahren zum Berechnen der thermischen Ausdehnung eines Werkstücks unter Prozesslast zu entwickeln. Die grundlegenden Arbeiten wurden am Beispiel eines einfachen quaderförmigen Versuchswerkstücks durchgeführt, dessen prozessbedingte Deformationen gemessen wurden. Das Verfahren beruht auf einer gekoppelten experimentell-rechnerischen Analyse.

5.2.1 Grundlage und Beschreibung der entwickelten Methodik

Basic Principle and Description of the Developed Methodology

Das Werkstück wurde, wie in **Bild 5.5** und **Bild 5.6** gezeigt, einseitig fest eingespannt. Die übrigen Einspannstellen des Werkstücks dagegen waren axial frei beweglich auf dem Führungswagen befestigt. Diese lineare Profilschienenwälzführung gewährleistete die spielfreie Bewegung der Führungswagen und damit der Werkstückspannung in Längs-(x)-Richtung. Um die Losbrechkraft der vorgespannten Führungswagen zu kompensieren, wurden speziell dafür ausgelegte Federn zwischen den Führungswagen sowie der festen Einspannung eingebaut. Damit wurde sichergestellt, dass sich das Werkstück ausschließlich infolge der Prozesswärme ungehindert ausdehnen konnte.

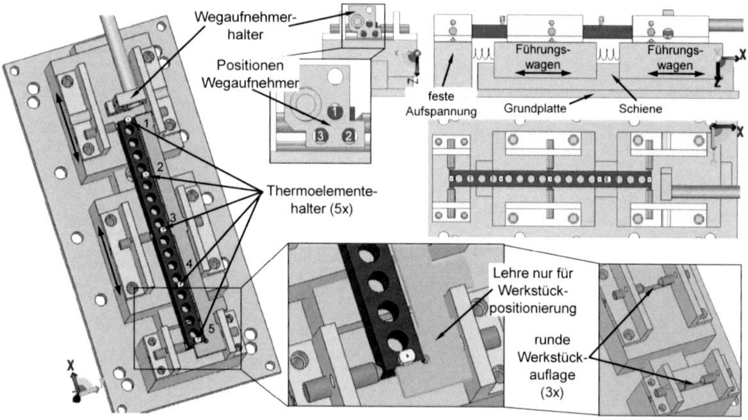

Bild 5.5: CAD-Modell der Vorrichtung für die Messung von thermisch freier Ausdehnung in x-Richtung

CAD model of the equipment for measurement of free thermal expansion in x direction

Durch den gewählten Testaufbau mit einseitiger Festeinspannung des Werkstücks wurde sichergestellt, dass die Werkstückverformung infolge der Prozesswärme hauptsächlich in positiver x-Richtung auftritt. Die Ausdehnung wurde an der

Stirnfläche mit Hilfe von drei Wegaufnehmern aufgezeichnet, um eine mögliche Kippung der Stirnflächen zu detektieren.

Darüber hinaus wurden in den Versuchsaufbau fünf Thermoelemente zum Messen der Temperatur des Werkstücks integriert.

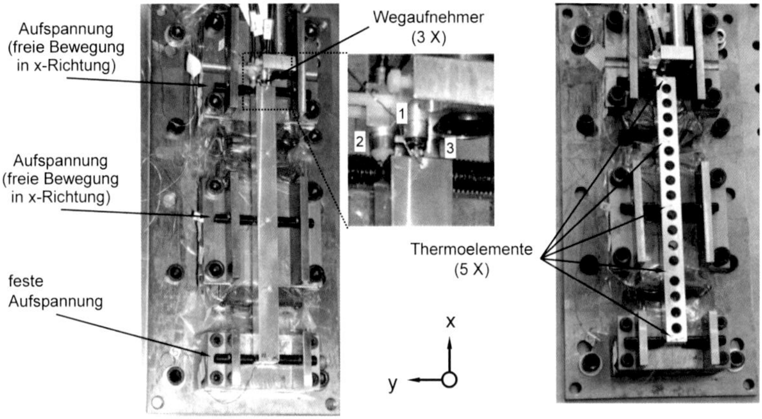

Bild 5.6: Foto der Vorrichtung für die Messung von thermisch freier Ausdehnung in x-Richtung

Photo of the equipment for measurement of free thermal expansion in x direction

Die Wärmeeinbringung pro Bohrung, d.h., die durch die Bearbeitung erzeugte Energie, welche als Wärme in das Werkstück fließt, kann indirekt über die Messung der Längenänderung bestimmt werden. Das folgende Beispiel soll dies verdeutlichen. Die durch die Bearbeitung eingebrachte thermische Energie bedingt eine Werkstücksausdehnung, so dass die gemessene thermische Endverformung des Werkstücks aus der Magnesiumlegierung AZ31 Δl_x = 260 µm beträgt (**Bild 5.7**, schwarze Kennlinie). Die Spitzen im Ausdehnungsverlauf sind eine Folge der unzureichenden Steifigkeit der Bauteilspannung. Für die Analysen sind sie aber ohne Bedeutung, da das Gesamtbauteil nach der Bohroperation zurück in die Ausgangsposition kommt. Die freie Ausdehnungslänge beträgt l_x = 262,5 mm und der Wärmeausdehnungskoeffizient von Magnesium kann mit $\alpha_{a(Mg\,AZ31)}$ = 26,1x10^{-6} mm/mmK [KAMM00] angenommen werden. Durch das kontinuierliche Einbringen von Bohrlöchern nimmt die Werkstückmasse während der Bearbeitung von m_A = 186,3 g auf m_E = 139,1 g ab. Da der gemessene Ausdehnungswert für das Ende des Prozesses gilt, muss zum Bestimmen der Wärmemenge die Masse am Bearbeitungsende mit m_E = 139,1 g zugrunde gelegt werden. Aufgrund der extrem kurzen Zeiten für die einzelnen Bohrprozesse kann davon ausgegangen werden, dass die jeweils folgende Bohrung bereits eingebracht wird, bevor die Wärme aus dem vorherigen Prozess in der Bereich der neuen Bohrung geflossen ist. Der Wärmeabtransport durch die Späne ist demzufolge vernachlässigbar (vergleich **Kapitel 5.1.1**)

Demzufolge muss eine Wärmemenge von Q = 5.392 J eingebracht werden, um die Länge des Werkstücks um Δl_x = 260 µm zu erhöhen. Dabei wird die spezifische Wärmekapazität mit $c_{p(Mg\ AZ31)}$ = 1.020 J/kgK zugrunde gelegt (**Gleichungen 5.6, 5.7, 5.8, 5.9**).

$$\Delta l = l_1 - l_0 \tag{5.6}$$

$$l_1 = l_0 \cdot (1 + \alpha_a \cdot \Delta T) \tag{5.7}$$

$$Q = \Delta T \cdot c_p \cdot m_E \tag{5.8}$$

$$Q = \left(\frac{\Delta l_x}{l_x \cdot \alpha_a} \right) \cdot c_p \cdot m_E \tag{5.9}$$

mit:	Δl	Längendifferenz (thermische Ausdehnung)
	l_1	Endlänge (thermische Ausdehnung)
	l_0	Anfangslänge (thermische Ausdehnung)
	α_a	Wärmeausdehnungskoeffizient
	ΔT	Temperaturdifferenz
	Q	Wärmemenge
	Δl_x	gemessene thermische Endverformung
	l_x	freie Ausdehnungslänge in Richtung x
	c_p	spezifische Wärmekapazität
	m_E	Werkstückmasse am Ende der Bearbeitung

In das Werkstück werden n_B = 16 Bohrungen eingebracht. Daraus lässt sich eine durchschnittliche Wärmeeinbringung von Q_B = 337 J je Bohrung ableiten (**Gleichung 5.10**).

$$Q_B = \frac{Q}{n_B} \tag{5.10}$$

mit:	Q_B	Wärmemenge pro Bohrung
	n_B	Anzahl Bohrungen

Um den Vergleich dieser hier vorgestellten Vorgehensweise mit dem Verfahren der Bestimmung der Wärmemenge auf der Basis von Temperaturmessungen zu ermöglichen, wurden während der Bohrversuche auch an fünf Stellen die Temperaturverläufe gemessen. Die Elemente wurden im Abstand von l = 4,9 mm zu den Mantelflächen der zerspanten Bohrungen und in einer Tiefe von l_b = 10,2 mm eingebracht.

Bild 5.7 zeigt neben dem Verlauf der gemessenen Ausdehnung von Δl_x = 260 µm die gemessenen Temperaturverläufe. Bedingt durch den sehr großen Temperaturgradienten, die nicht sehr hohe Genauigkeit der Werkstück- und

Messspitzenpositionierung und das Zeitverhalten der Thermoelemente wurden unterschiedliche Maximaltemperaturen gemessen. Der zeitliche Versatz der Kurven resultiert aus der räumlichen Anordnung der Elemente. Diese großen Schwankungen bedingen Fehler bei der Berechnung der eingebrachten Wärme. Daher liefert die Berechnung mit Hilfe der gemessenen Werkstücksausdehnung bessere und vor allem reproduzierbarere Ergebnisse, so dass dieser Ansatz zur Bestimmung der Wärmemenge im weiteren Verlauf der Arbeiten verfolgt wird.

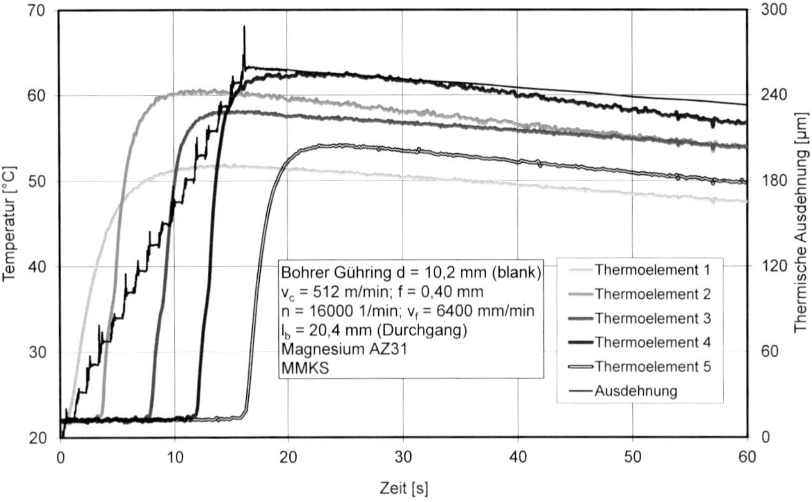

Bild 5.7: Gemessene Temperaturen und Ausdehnung
Measured temperatures and thermal expansion

Um zudem die Schnittarbeit bestimmen zu können, wurden während der Zerspanung, mittels eines rotierenden Mehrkomponenten-Dynamometers der Fa. Kistler (Typ 9125A), die Vorschubkräfte und die Drehmomente gemessen. Die relativ hohen Eigenfrequenzen dieses Dynamometers (Vorschubkraftsensor: 5 kHz, Drehmomentsensor: 2,5 kHz) sind vorteilhaft, um auch vergleichsweise hochfrequente Signalkomponenten zu erfassen. Die Verstärkungs- und Signalaufbereitungseinheit (Kistler Typ 5237A) hat einen Tiefpass-Filter mit einer Grenzfrequenz von f = 1 kHz. Typische Prozesssignale sind im **Bild 5.8** gezeigt, sie wurden beim Einbringen von 16 Bohrungen in das Testwerkstück aufgezeichnet.

Das Integral über das Drehmoment (**Bild 5.9**), multipliziert mit der Winkelgeschwindigkeit ergibt die Schnittarbeit W_c, die zur Zerspanung einer Bohrung benötigt wird (**Gleichung 5.1**). Da die Vorschubarbeit viel kleiner als die Schnittarbeit ist, wird $W_e = W_c$ gesetzt (**Gleichung 4.1**). Für dieses Beispiel beträgt die Wirkarbeit W_e = 1051 J (Mittelwert aus den 16 Bohrungen).

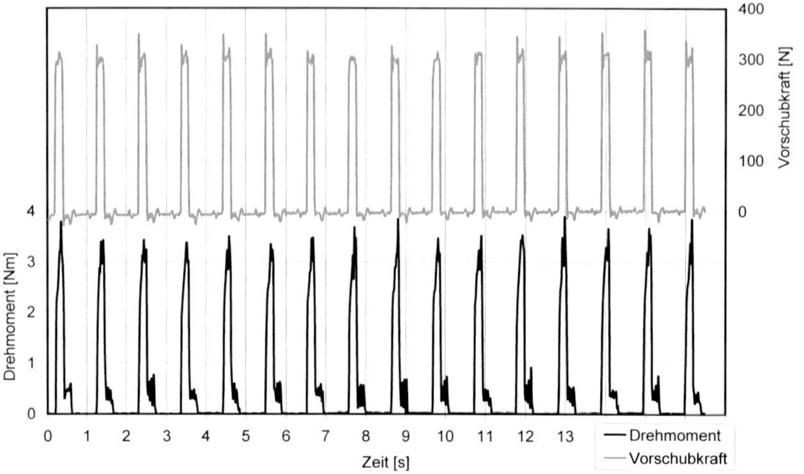

Bild 5.8: Vorschubkraft und Drehmoment bei der Zerspanung eines Probeteils
Feed force and torque in drilling of a test workpiece

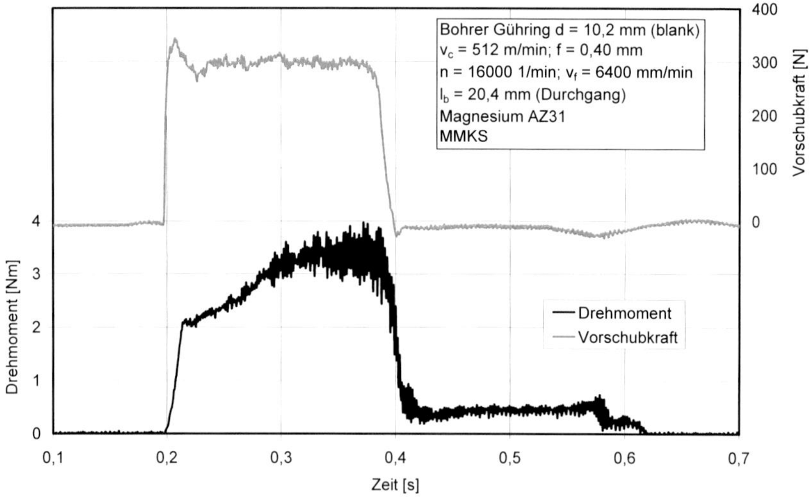

Bild 5.9: Gemessene Vorschubkraft und Drehmoment während einer Bohrung
Feed force and torque in drilling of one hole

Der Anteil der Energie, welche als Wärme in das Werkstück fließt (P_Q), kann somit ermittelt werden:

$$P_Q = \frac{Q_B}{W_e} \tag{5.11}$$

Durch die Ausdehnung wurde die im Werkstück fließende Wärme (Q_B = 337 J) und durch das Drehmoment die Wirkarbeit (W_e = 1051 J) ermittelt. Damit fließen P_Q = 32% (**Gleichung 5.11**) der erzeugten Energie als Wärme in das Werkstück hinein. Das ist deutlich mehr als die meisten in der Literatur beschriebenen Ergebnisse von Simulationen und Abschätzungen ergaben und nahe der Obergrenze von SCHMIDT et al. [SCHM05]. Als mögliche Erklärungen sind das Zusammenspiel der spezifischen Eigenschaften des Werkstoffes Magnesium AZ31 zu sehen, die gute Wärmeleitfähigkeit, der niedrige Schmelz- und Erweichungspunkt und die schlechte Zerspanbarkeit, gekennzeichnet durch Verklebung und Adhäsion von Spänen in Nuten des Bohrers.

Das Bohren von Magnesium im Trockenschnitt wird stark von Werkstoffverklebungen und Adhäsion beeinträchtigt. Der Einsatz von MMKS ist absolut notwendig, sonst setzen sich die Spannuten des Bohrers nach wenigen Bohrungen zu und das Werkzeug bricht sofort ab. Aus der Reibung der Werkzeugführungen, die durch die hohen Drehzahlen im Zusammenhang mit Verklebung und Adhäsion von Spänen entsteht, resultiert der hohe Anteil an Wärme, welche in das Werkstück fließt.

Als wesentliches Ergebnis ist festzuhalten, dass eine Methodik zur Bestimmung des Wärmeeintrags in das Werkstück beim Bohren erarbeitet werden konnte. Damit sind die Voraussetzungen zur Simulation der thermischen Ausdehnung und Verformung von Werkstücken infolge des Wärmeeintrags bereitgestellt. Im Abschnitt 5.3 wird gezeigt, dass mit dieser Methode und dem damit gewonnenen Wärmeeintrag die thermische Simulation mit guter Genauigkeit durchgeführt werden kann.

Um das Verständnis über die Abhängigkeiten zu vertiefen, wurde exemplarisch der Einfluss der technologischen Parameter auf den Wärmeeintrag und die Verteilung der Wärme untersucht. Damit soll die Bedeutung der Methodik verdeutlicht werden. Es wird gezeigt, dass durch gezielt ausgewählte Bearbeitungsparameter die Verformung des Werkstücks reduziert werden kann.

5.2.2 Einfluss der wesentlichen Bearbeitungsparameter auf den Wärmeeintrag

Influence of Main Machining Parameters on the Heat Input

Die Bearbeitungsparameter beeinflussen die Wärmeerzeugung und -verteilung in unterschiedlicher Ausprägung. Die Kenntnis der individuellen Wirkung der Einflüsse ist für die Prozessauslegung und -verbesserung sehr nützlich. Durch die geeignete Wahl der Parameter im Rahmen der Fertigungsplanung kann die mögliche Verformung des Werkstücks infolge der Bearbeitungswärme idealerweise reduziert und minimiert werden.

Mit dem Ziel, diesen Einfluss zu verdeutlichen, wurde eine Versuchsreihe durchgeführt. Der Versuchsaufbau wurde wie in **Kapitel 5.2** beschrieben, realisiert. Bearbeitet wurde der Werkstoff Aluminium AlMgSi1 F31. Der Einsatz von MMKS war für diese Versuchsreihe technologisch notwendig.

Eine vollständige statistische Versuchsplanung (*Design of Experiments - DoE*) mit vier Faktoren auf je zwei Stufen (2^4-Plan) wurde mit der von MONTGOMERY [MONT05] beschriebenen Methode erarbeitet und durchgeführt. Die vier Faktoren auf je zwei Variationsstufen wurden wie folgend ausgewählt:

- Schnittgeschwindigkeit (v_c) 200 m/min 240 m/min
- Vorschub (f) 0,25 mm 0,35 mm
- Bohrdurchmesser (d) 8,5 mm 10,2 mm
- Bohrtiefe (l_b) 2 x d 4 x d

Die komplette Versuchsplanung mit den 16 einzelnen Kombinationen ist in **Tabelle 5.1** gegeben. Jeder Versuch wurde drei Mal wiederholt und nach einer zufälligen Reihenfolge durchgeführt. Durch die sogenannte Blockbildung wurden die Versuche in drei Blocks gruppiert, so dass eine Wiederholung einem Block entspricht. Durch diese Methodik werden nicht kontrollierbare Einflüsse oder ein vorhandener Trend minimiert oder im Idealfall ganz eliminiert [MONT05].

Tabelle 5.1: Statistische Versuchsplanung und -durchführung (2^4-Plan, 3 Wiederholung)
Experiment design, randomization and blocking (2^4 design, 3 replications)

systematische Nummer	v_c [m/min]	f [mm]	v_f [mm/min]	d [mm]	l_b [mm]	Versuchsnummer Block 1	Block 2	Block 3
1	200	0,25	1.872	8,5	17,0 (2xd)	5	29	33
2	240	0,25	2.247	8,5	17,0 (2xd)	4	24	45
3	200	0,35	2.621	8,5	17,0 (2xd)	14	32	35
4	240	0,35	3.146	8,5	17,0 (2xd)	11	23	41
5	200	0,25	1.560	10,2	20,4 (2xd)	6	27	37
6	240	0,25	1.872	10,2	20,4 (2xd)	9	21	42
7	200	0,35	2.184	10,2	20,4 (2xd)	3	19	36
8	240	0,35	2.621	10,2	20,4 (2xd)	15	28	40
9	200	0,25	1.872	8,5	34,0 (4xd)	2	17	44
10	240	0,25	2.247	8,5	34,0 (4xd)	1	30	43
11	200	0,35	2.621	8,5	34,0 (4xd)	12	31	34
12	240	0,35	3.146	8,5	34,0 (4xd)	10	20	46
13	200	0,25	1.560	10,2	40,8 (4xd)	16	22	39
14	240	0,25	1.872	10,2	40,8 (4xd)	7	18	48
15	200	0,35	2.184	10,2	40,8 (4xd)	8	26	47
16	240	0,35	2.621	10,2	40,8 (4xd)	13	25	38

Die Versuche wurden, wie in **Kapitel 5.2** beschrieben, durchgeführt. Für jede Probe wurden die thermische Ausdehnung, fünf Temperaturen sowie die Vorschubkräfte und Drehmomente während des Bohrens gemessen. Mit diesen Daten wurden die folgenden Ausgangs- bzw. Zielgrößen berechnet:

- Wirkarbeit pro Bohrung (W_e, **Gleichungen 4.1** und **5.1**)
- Wärmeeinbringung pro Bohrung (Q_B, **Gleichungen 5.9** und **5.10**)
- Wärmestromdichte (q, **Gleichung 5.12**)
- Wärmeeinbringung pro Bohrung und Bohrmantelfläche (Q_B/A_B)
- Wärmeverteilung (P_Q, **Gleichung 5.11**)

Die Wirkarbeit, die der Wärmeeinbringung pro Bohrung und die Wärmeverteilung wurden, wie in **Kapitel 5.2** beschrieben, berechnet. Zudem wurde die Wärmestromdichte über die Division der Wärmeeinbringung pro Bohrung durch die Bohrungszeit und die Bohrmantelfläche bestimmt:

$$q = \frac{Q_B}{t_B \cdot A_B} \quad \textbf{(5.12)}$$

mit:
- q Wärmestromdichte
- Q_B Wärmemenge pro Bohrung
- t_B Bearbeitungsdauer, Bohrungszeit
- A_B Bohrmantelfläche

Für das Beispiel in **Kapitel 5.2** wurde $Q_B = 337$ J Wärmeeinbringung berechnet. Die Bohrmantelfläche beträgt $A_B = 653{,}7\ mm^2$ ($d = 10{,}2$ mm und $l_b = 20{,}4$ mm) und die Bohrungszeit $t_B = 191{,}2$ ms ($v_c = 512$ m/min und $f = 0{,}4$ mm). Damit ergibt sich für das Beispiel eine Wärmestromdichte von $q = 2{,}70\ W/mm^2$ (**Gleichung 5.12**). Dieser Parameter wird als Eingangsgröße für die FE-Simulation (**Kapitel 5.3**) benötigt.

Der zweite neue Parameter ist die Wärmeeinbringung pro Bohrung, dividiert durch die Bohrmantelfläche Q_B/A_B. Für das vorherige Beispiel beträgt dieser Parameter $Q_B/A_B = 0{,}515\ J/mm^2$ ($Q_B = 337$ J durch $A_B = 653{,}7\ mm^2$).

Die Auswertung der Daten und die Beurteilung der Signifikanz der Einflussparameter (v_c, f, d, l_b) auf die Zielgrößen (W_e, Q_B, q, Q_B/A_B, P_Q) wurden mittels einer Varianzanalyse (*Analysis of Variance - ANOVA*) durchgeführt. Eine Varianzanalyse dient dem Testen von der Nullhypothese (H_0: $\mu_1 = \mu_2 = \ldots = \mu_n$) oder der Alternativhypothese (H_1: mindestens ein μ_k unterscheidet sich) über zwei oder mehrere Mittelwerte. Dafür werden die mittleren Quadratsummen der Faktoren oder der Wechselwirkungen durch die mittlere Restquadratsumme dividiert und damit die Prüfgröße F_0 gebildet. Da der Varianzanalyse ein F-Test zugrunde liegt, wird die Prüfgröße F_0 einem F-Test unterzogen [MONT05].

Für jede Zielgröße sind die Signifikanz der Faktoren (v_c, f, d, l_b) und die Zwei-Faktor-Wechselwirkungen dargestellt. Die Wechselwirkungen von drei oder vier Faktoren wurden zur Absicherung analysiert, weisen aber keine Bedeutung auf. Statistisch gesehen ist ein Faktor signifikant, wenn der beobachtete Einfluss auf die Zielgrößen, in den hier vorliegenden Fällen die Mittelwertdifferenz, nicht durch Zufall entstanden ist.

Tabelle 5.2 zeigt das Ergebnis der Varianzanalyse für die Zielgröße Wirkarbeit pro Bohrung. In der Tabelle der Varianzanalyse werden Zwischenrechnungen, wie Summe der Quadrate, Freiheitsgrad und mittlere Quadratsumme, dargestellt. Bei einer statistischen Sicherheit von 95% liegt der kritische F-Wert bei $F_{krit} = 4{,}11$, wobei der Freiheitsgrad der Faktoren oder Wechselwirkungen eins und der Freiheitsgrad des Restes 37 für alle Analysen sind. D.h. für $F_0 \geq F_{krit} = 4{,}11$ wird die Nullhypothese mit einer Sicherheit ≥95% abgelehnt, die Mittelwerte unterscheiden sich

(Alternativhypothese) und der Faktor oder die Wechselwirkung hat signifikanten Einfluss auf die bewertete Zielgröße. Des Weiteren zeigten die p-Werte, mit welcher Wahrscheinlichkeit das Ablehnen der Nullhypothese falsch sein kann (Fehler 1. Art).

Tabelle 5.2: Varianzanalyse für die Wirkarbeit pro Bohrung (W_e)

Analysis of variance table for active work per hole

Streuungsquelle	Summe der Quadrate	Freiheitsgrad	mittlere Quadrate	F_0	p-Wert
Faktoren					
A: v_c	7668	1	7668	0,36	0,5537
B: f	446217	1	446217	20,79	0,0001
C: d	11056473	1	11056473	515,11	0,0000
D: l_b	21192919	1	21192919	987,36	0,0000
Wechselwirkungen					
AB	4516	1	4516	0,21	0,6491
AC	15977	1	15977	0,74	0,3938
AD	9792	1	9792	0,46	0,5036
BC	4865	1	4865	0,23	0,6368
BD	110781	1	110781	5,16	0,0290
CD	1273766	1	1273766	59,34	0,0000
Rest	794179	37	21464		
Gesamt	34917151	47			

Eine zusätzliche Hilfe für die Datenbewertung ist in **Bild 5.10** gezeigt. Graphisch dargestellt sind die Mittelwerte und Streubänder mit 95%-Vertrauensbereich der Wirkarbeit in Abhängigkeit von den Hauptfaktoren Schnittgeschwindigkeit, Vorschub, Bohrdurchmesser und Bohrtiefe.

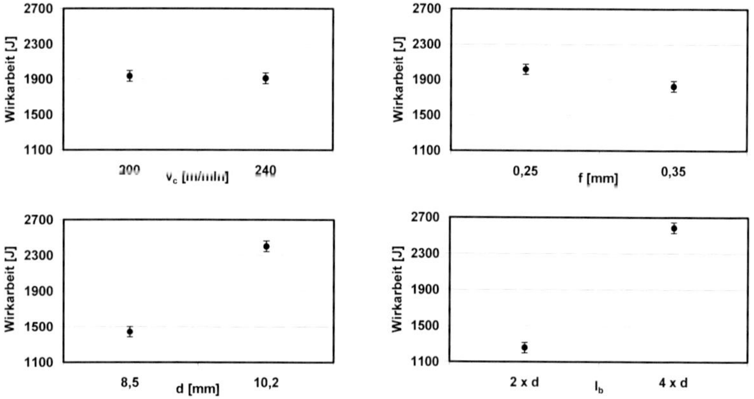

Bild 5.10: Einfluss der Faktoren auf die Wirkarbeit (W_e)

Factors influence on the active work

Es ist offensichtlich, dass der Bohrdurchmesser (d) und die Bohrtiefe (l_b) großen Einfluss auf die insgesamt umgesetzte Energie beim Bohren haben. Bei Verdopplung der Bohrtiefe (von 2 x d auf 4 x d) ergibt sich ein Anstieg des Mittelwerts der Wirkarbeit um 106% (**Bild 5.10**). Da die Bohrtiefe proportional zum Durchmesser war (siehe **Tabelle 5.1**), wurde ein zusätzlicher Parameter (die abgetragenen Volumina) für die Einflussbewertung des Bohrdurchmessers herangezogen. Bei der Vergrößerung des Durchmessers von 8,5 mm auf 10,2 mm wird das abgetragene Volumen 73% höher und damit steigt der Mittelwert der Wirkarbeit um 67%. In beiden Fällen ist dieser kleine Unterschied (Bohrtiefe +6%, Durchmesser bzw. Volumen -6%) entweder auf unvermeidliche Messunsicherheit bzw. Messfehler oder auf eine bessere Späneabfuhr bei größerem Durchmesser oder geringerer Tiefe, welche die notwendige Abtragenergie verringert, zurückzuführen.

Die Schnittgeschwindigkeit hat keinen merklichen Einfluss auf die Wirkarbeit. Es ist möglich, dass bei deutlich höheren oder niedrigeren Geschwindigkeiten als sie heute in der Praxis eingestellt werden, größere Veränderungen der umgesetzten Energie auftreten können. Die in dieser Arbeit gewählten Parameter sind praxisnah.

Die Erhöhung des Vorschubs führt hingegen zu einer signifikanten Reduktion der Wirkarbeit. Der Mittelwert der Wirkarbeit verringert sich um ca. 10%. Die Steigerung des Vorschubs von f = 0,25 mm auf f = 0,35 mm verkürzt die Bohrzeit auf 71,4%. Um in dieser Bohrzeit die gleiche Wirkarbeit zu leisten, müsste das Drehmoment um 40% höher sein. Tatsächlich beträgt die durchschnittliche Änderung des gemessenen Drehmoments lediglich 27%. Deshalb ergibt sich die genannte Reduktion der Wirkarbeit um lediglich 10%. Die Erhöhung des Vorschubs beeinflusst in stärkerem Maße die Vorschubkraft als das Drehmoment.

Weiterhin zeigt sich, dass die Wechselwirkung zwischen Bohrdurchmesser und -tiefe signifikant ist. Für den größeren Durchmesser steigt die Wirkarbeit mit der Tiefe etwas mehr. Die Abhängigkeit der Bohrtiefe vom Durchmesser (l_b = 2 x d oder 4 x d) bewirkt diese Wechselwirkung.

Die Auswirkung der Bearbeitungsparameter auf die Wärme, welche in das Werkstück fließt, ist in der Varianzanalyse der **Tabelle 5.3** dargestellt. Das Ergebnis zeigt eine ähnliche Tendenz wie sie bei der Betrachtung der Wirkarbeit gefunden wurde. Allerdings beeinflusst die Schnittgeschwindigkeit die Wärmeeinbringung, deren Mittelwert bei der größeren Schnittgeschwindigkeit (v_c) ca. 10% kleiner ist (**Bild 5.11**). Mögliche Ursache für diesen Effekt ist die Reduktion der Kontaktzeit zwischen Werkstück, Werkzeug und Spänen.

Beim größeren Vorschub reduziert sich der Mittelwert der Wärmeeinbringung um ca. 20% (**Bild 5.11**). Hier spielt ebenfalls die Kontaktzeit zwischen Werkstück und Spänen bzw. Werkzeug eine maßgebliche Rolle.

Tabelle 5.3: Varianzanalyse für die Wärmeeinbringung pro Bohrung (Q_B)
Analysis of variance table for heat input per hole

Streuungsquelle	Summe der Quadrate	Freiheitsgrad	mittlere Quadrate	F_0	p-Wert
Faktoren					
A: v_c	34302	1	34302	5,51	0,0243
B: f	150078	1	150078	24,12	0,0000
C: d	362455	1	362455	58,24	0,0000
D: l_b	1489511	1	1489511	239,35	0,0000
Wechselwirkungen					
AB	589	1	589	0,09	0,7600
AC	15650	1	15650	2,51	0,1213
AD	27477	1	27477	4,42	0,0425
BC	5510	1	5510	0,89	0,3528
BD	29101	1	29101	4,68	0,0371
CD	67442	1	67442	10,84	0,0022
Rest	230257	37	6223		
Gesamt	2412373	47			

Wie schon bei der Einflussanalyse der Wirkarbeit festgestellt, so wird auch die Wärmeeinbringung in die Bohrung stark vom Bohrdurchmesser und der Bohrtiefe beeinflusst. Der Einfluss des Durchmessers und der Bohrtiefe auf die Wärmeeinbringung ist, im Vergleich zum Einfluss auf die Wirkarbeit, unterschiedlich ausgeprägt. Das oben genannte abgetragene Volumen ist 73% höher für den größeren Durchmesser. Dennoch wächst der Mittelwert der Wärmeeinbringung mit dem Bohrdurchmesser um nur 44%. Bei der Bohrung mit doppelter Bohrtiefe steigt der Mittelwert der Wärmeeinbringung um 115%. Der Einfluss der Späneabfuhr, die bei größerem Bohrdurchmesser oder geringerer Bohrtiefe besser ist, wird auch bei diesem Parameter deutlich.

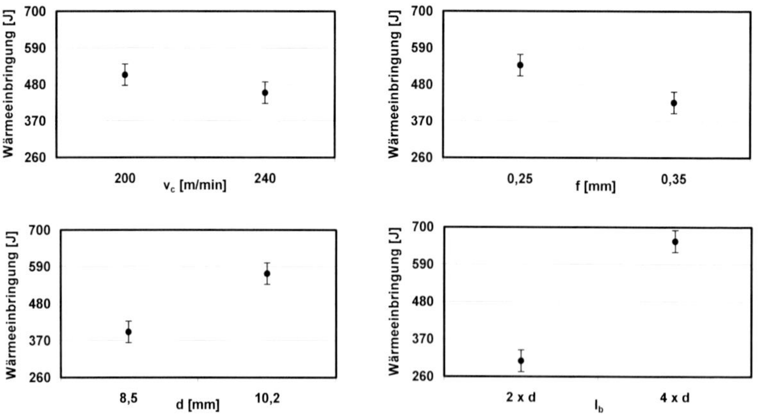

Bild 5.11: Einfluss der Faktoren auf die Wärmeeinbringung pro Bohrung (Q_B)
Factors influence on the heat input per hole

Der Zusammenhang zwischen Bohrdurchmesser und Bohrtiefe (l_b = 2 x d oder 4 x d) spielt auch hier eine Rolle. **Tabelle 5.3** stellt die Signifikanz der Wechselwirkung von beiden Parametern dar. Mit größerem Durchmesser steigt die Wärmeeinbringung mit der Tiefe etwas stärker an.

Tabelle 5.4 zeigt das Ergebnis der Varianzanalyse für die Zielgröße Wärmestromdichte. Wie schon zuvor beschrieben wurde, ergibt sich die Wärmestromdichte aus der Division der Wärmeeinbringung pro Bohrung durch die Bohrzeit und die Bohrmantelfläche. Grundsätzlich ist zunächst festzustellen, dass bei Erhöhung der Faktoren die Tendenzen der Veränderungen im Vergleich zu den zuvor betrachteten Abhängigkeiten gegensinnig sind.

Tabelle 5.4: Varianzanalyse für die Wärmestromdichte (q)
Analysis of variance table for heat flux

Streuungsquelle	Summe der Quadrate	Freiheitsgrad	mittlere Quadrate	F_0	p-Wert
Faktoren					
A: v_c	0,17985	1	0,17985	4,53	0,0400
B: f	0,09310	1	0,09310	2,35	0,1341
C: d	1,27533	1	1,27533	32,13	0,0000
D: l_b	3,43811	1	3,43811	86,62	0,0000
Wechselwirkungen					
AB	0,00060	1	0,00060	0,02	0,9025
AC	0,09117	1	0,09117	2,30	0,1381
AD	0,11340	1	0,11340	2,86	0,0994
BC	0,00231	1	0,00231	0,06	0,8108
BD	0,04978	1	0,04978	1,25	0,2700
CD	0,22022	1	0,22022	5,55	0,0239
Rest	1,46854	37	0,03969		
Gesamt	6,93240	47			

Die Schnittgeschwindigkeit hat einen vergleichsweise geringen Einfluss auf die Wärmestromdichte, die im Fall der höheren Schnittgeschwindigkeit (v_c) um 15% größer ist (**Bild 5.12**).

Der Vorschub hat für ein Konfidenzniveau 95% keine signifikante Auswirkung auf diese Zielgröße, wie anhand des p-Werts 13,4 %(**Tabelle 5.4**) zu erkennen ist. Aus den anderen bewerteten Parametern ist zu entnehmen, dass eine Reduzierung des thermischen Wärmeeintrags ins Werkstück durch die Erhöhung des Vorschubs (Reduzierung der Prozesszeit) zu erreichen ist. Es bleibt hier die Warnung, dass ein höherer Vorschub tendenziell eine höhere Wärmestromdichte verursachen kann.

Bei dem größeren Durchmesser (d) ist die Wärmestromdichte um 32% kleiner (**Bild 5.12**). Dieser Unterschied ist auf zwei Faktoren zurückzuführen, die etwa gleich gewichtet sind. Zuerst weist der größere Durchmesser eine höhere Wärmeeinbringung auf, wird aber gleichzeitig durch eine längere Zeit und eine größere Fläche dividiert. Zweitens ist die Wärmeeinbringung bei dem kleineren

Durchmesser wegen der schon genannten schlechteren Späneabfuhr verhältnismäßig höher.

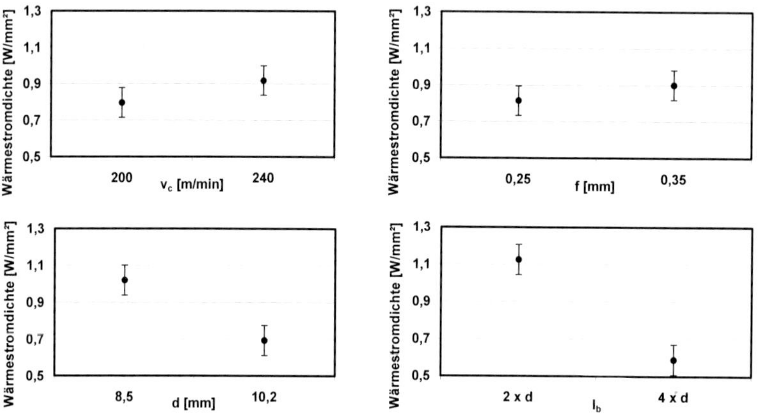

Bild 5.12: Einfluss der Faktoren auf die Wärmestromdichte (q)
Factors influence on the heat flux

Die Wärmestromdichte ist bei der größeren Bohrtiefe (l_b) nahezu auf 50% halbiert. Die Hauptursache folgt aus den mathematischen Zusammenhängen. Es ist zu erwarten, dass sich die Wärmeeinbringung bei einer doppelt so tiefen Bohrung verdoppelt. Diese doppelte Wärmeeinbringung muss durch die um den Faktor zwei längere Bohrzeit und die mit der Bohrtiefe verdoppelte Bohrmantelfläche dividiert werden. Damit ergibt sich die um 50% kleinere Wärmestromdichte.

Die schlechtere Späneabfuhr für Bohrtiefe l_b gleich 4 x d spielt nur eine kleine Rolle. Da die Wärmeeinbringung nicht um 100% sondern um 115% höher ist, zeigt sich der Unterschied der Wärmestromdichte etwas kleiner als die mathematisch erwarteten 50%.

In einem weiteren Analyseschritt wurde die Wärmeeinbringung pro Bohrung nur auf die Bohrmantelfläche bezogen und als Zielgröße in der Varianzanalyse gewählt (**Tabelle 5.5**). Hier zeigt sich, dass lediglich der Vorschub einen signifikanten Einfluss auf die so gewählte Zielgröße hat. Bei größerer Vorschubgeschwindigkeit (f = 0,35 mm) wird durchschnittlich ca. 20% weniger Wärme in das Werkstück eingebracht (**Bild 5.13**).

Die durchschnittliche Wärmeeinbringung pro Bohrung wächst mit dem Bohrdurchmesser um 44%. Da die Bohrmantelfläche auch um 44% zunimmt, wird die Zielgröße (die Wärmeeinbringung pro Bohrung durch die Bohrmantelfläche) in diesem Fall ausgeglichen und kompensiert den Effekt des Bohrdurchmessers. Weiterhin zeigt sich, dass die Wechselwirkung zwischen den Faktoren keinen Einfluss auf die Zielgröße hat.

Tabelle 5.5: Varianzanalyse für die Wärmeeinbringung pro Bohrung und Bohrmantelfläche (Q_B/A_B)

Analysis of variance table for heat input per hole and drilled hole surface

Streuungsquelle	Summe der Quadrate	Freiheitsgrad	mittlere Quadrate	F_0	p-Wert
Faktoren					
A: v_c	0,022949	1	0,022949	1,94	0,1718
B: f	0,221258	1	0,221258	18,72	0,0001
C: d	0,000369	1	0,000369	0,03	0,8607
D: l_b	0,018050	1	0,018050	1,53	0,2244
Wechselwirkungen					
AB	0,000052	1	0,000052	0,00	0,9472
AC	0,018450	1	0,018450	1,56	0,2194
AD	0,023296	1	0,023296	1,97	0,1687
BC	0,015943	1	0,015943	1,35	0,2529
BD	0,007194	1	0,007194	0,61	0,4403
CD	0,003102	1	0,003102	0,26	0,6115
Rest	0,437392	37	0,011821		
Gesamt	0,768057	47			

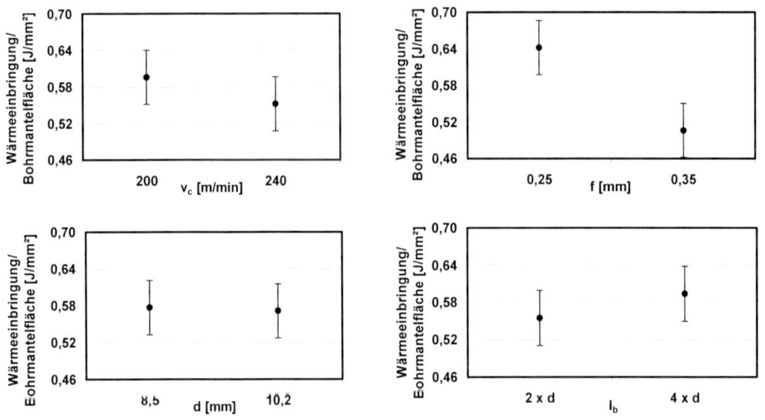

Bild 5.13: Einfluss der Faktoren auf die Wärmeeinbringung pro Bohrung und Bohrmantelfläche (Q_B/A_B)

Factors influence on the heat input per hole and drilled hole surface

Der Einfluss der Bearbeitungsparameter auf den Wärmeanteil, der in das Werkstück fließt, ist tabellarisch in der Varianzanalyse dargestellt (**Tabelle 5.6**). Es zeigt sich, dass nur der Vorschub und der Bohrdurchmesser signifikanten Einfluss auf die Wärmeverteilung haben.

Tabelle 5.6: Varianzanalyse für die Wärmeverteilung (P_Q)
Analysis of variance table for heat distribution

Streuungsquelle	Summe der Quadrate	Freiheitsgrad	mittlere Quadrate	F_0	p-Wert
Faktoren					
A: v_c	0,003902	1	0,003902	2,93	0,0955
B: f	0,015275	1	0,015275	11,46	0,0017
C: d	0,016214	1	0,016214	12,16	0,0013
D: l_b	0,000794	1	0,000794	0,60	0,4452
Wechselwirkungen					
AB	0,000077	1	0,000077	0,06	0,8108
AC	0,001228	1	0,001228	0,92	0,3434
AD	0,002948	1	0,002948	2,21	0,1455
BC	0,001795	1	0,001795	1,35	0,2534
BD	0,000349	1	0,000349	0,26	0,6121
CD	0,001039	1	0,001039	0,78	0,3831
Rest	0,049328	37	0,001333		
Gesamt	0,092948	47			

Bei einem Vorschub von f = 0,25 mm fließen durchschnittlich P_Q = 27% der Wärme ins Werkstück. Mit der Erhöhung des Vorschubs auf f = 0,35 mm reduziert sich dieser Wärmeanteil auf durchschnittlich P_Q = 23,4% (**Bild 5.14**). Damit wird bestätigt, dass die Erhöhung des Vorschubs ein effektiver Weg zur Verminderung der Wärmeeinbringung ist. Wie schon vorher erwähnt, hat der Vorschub mehr Einfluss auf die Vorschubkraft als auf das Drehmoment. Die Steigerung des Vorschubs bewirkt eine Verkürzung der Kontaktzeit zwischen Werkstück und Werkzeug bzw. Spänen, ohne die Wirkarbeit stark zu erhöhen.

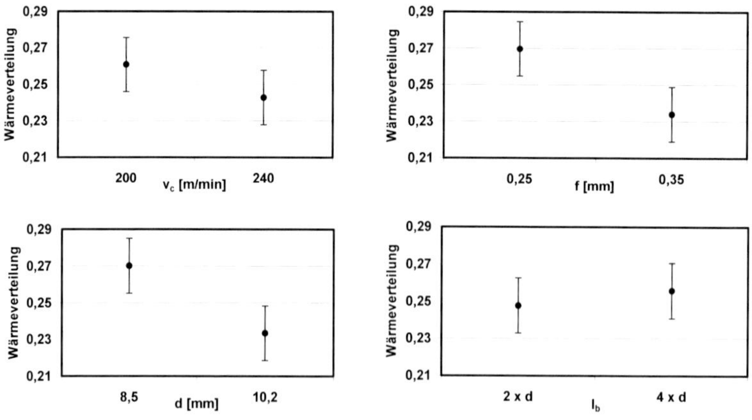

Bild 5.14: Einfluss der Faktoren auf die Wärmeverteilung (P_Q)
Factors influence on the heat distribution

Der Bohrdurchmesser hat einen ähnlich signifikanten Einfluss auf die Wärmeverteilung. Die Erhöhung des Durchmessers von d = 8,5 mm auf d = 10,2 mm bewirkt eine Reduktion der in das Werkstück fließenden Wärme von durchschnittlich 27% auf 23,3%. Zurückzuführen ist dies im Wesentlichen darauf, dass die Späne besser aus der Bohrung und durch die Spannuten fließen, je größer der Bohrer ist.

5.2.3 Einfluss des Werkstoffs auf den Wärmeeintrag

Material Influence on the Heat Input

Aufgrund der unterschiedlichen physikalischen Eigenschaften hat der Werkstoff des Werkstücks ebenfalls Auswirkungen auf den Wärmeeintrag und die Wärmeverteilung. Jedoch ist die Bestimmung dieses Einflusses sehr komplex, da die Bearbeitung eines Werkstoffs geeignete und somit unterschiedliche Werkzeuge, Schnittgeschwindigkeiten und Vorschübe erfordert. Die Benutzung der gleichen Parameter beim Zerspanen der verschiedenen Werkstoffe, welche für den Vergleich zwischen Werkstoffen notwendig wäre, ist daher nicht sinnvoll.

Zum Abklären des Einflusses der Materialeigenschaften auf die Wärmeeinbringung wurden folgende Werkstoffe zerspant:

- Aluminium AlMgSi1 F31 (3.2315)
- Magnesium AZ31
- Stahl St 37 (1.0037)

Die Versuche wurden wie zuvor beschrieben durchgeführt. Um die Vergleichbarkeit zu gewährleisten, wurde beim Bohren in die unterschiedlichen Materialien der gleiche Bohrertyp verwendet. Allerdings mussten die Schnittparameter materialspezifisch ausgewählt werden und sind in **Tabelle 5.7** aufgeführt. Jeder Versuch wurde dreimal wiederholt und unter Einsatz von MMKS realisiert.

Tabelle 5.7: Schnittparameter für das Bohren von unterschiedlichen Werkstoffen
Cutting parameters for drilling of different materials

Werkstoff	v_c [m/min]	f [mm]	v_f [mm/min]	d [mm]	l_b [mm]
Aluminium	240	0,35	2.621	10,2	20,4 (2xd)
Magnesium	512	0,40	6.391	10,2	20,4 (2xd)
Stahl	80	0,20	499	10,2	20,4 (2xd)

Da die Ergebnisse nicht nur den Einfluss des Materials sondern auch der Bearbeitungsparameter beinhalten, ist eine Varianzanalyse, wie in **Kapitel 5.2.2** durchgeführt, nicht zielführend. Es ist selbstverständlich, dass der Werkstoff zusammen mit den Schnittparametern sehr großen Einfluss auf die Zielgrößen wie Wirkarbeit oder Wärmeeinbringung pro Bohrung hat. Aussagekräftiger ist der Vergleich der Mittelwerte und Streubänder des 95%-Vertrauensbereichs. Diese geben wesentliche Informationen über die Wärmemenge bei unterschiedlichen Werkstoffen unter realitätsnahen Bearbeitungsbedingungen. Damit kann das Verformungsverhalten des Werkstücks einfacher abgeleitet werden.

Bild 5.15 zeigt den Einfluss des Werkstoffes auf Wirkarbeit (W_e), Wärmeeinbringung pro Bohrung (Q_B), Wärmestromdichte (q) und Wärmeverteilung (P_Q). Da die Bohrungen gleiche Abmessungen haben, sind die Charakteristiken der Zielgrößen Wärmeeinbringung pro Bohrung und Bohrmantelfläche (Q_B/A_B) sowie Wärmeeinbringung pro Bohrung gleich (Verhalten Q_B/A_B = Verhalten Q_B) und deshalb nicht gesondert zu betrachten.

Durch die lange Bearbeitungszeit ist die Wirkarbeit beim Bohren von Stahl deutlich größer als bei anderen Werkstoffen. Die durchschnittliche Wirkarbeit beträgt bei der Aluminiumbearbeitung ca. W_e = 1500 J, bei Magnesium ca. W_e = 1100 J und bei Stahl ca. W_e = 5300 J. Die um etwa 40% höhere Wirkarbeit beim Bearbeiten von Aluminium im Vergleich zur Magnesiumbearbeitung wurde auch mittels t-Test bestätigt [MONT05].

Demzufolge ist auch die Wärmeeinbringung pro Bohrung mit Q_B = 950 J bei Stahl am höchsten. Die durchschnittliche Wärmeeinbringung bei Aluminium beträgt ca. Q_B = 300 J und bei Magnesium ca. Q_B = 350 J. Der t-Test zeigt, dass keine signifikanten statistischen Unterschiede zwischen Aluminium und Magnesium bestehen.

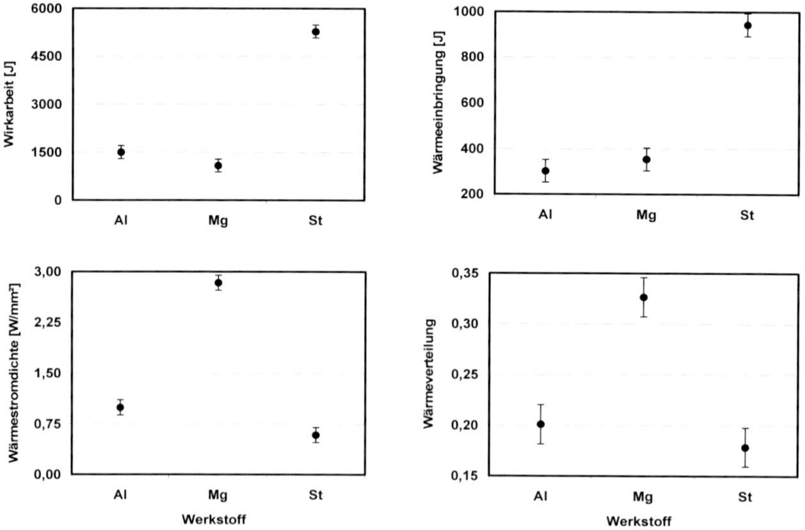

Bild 5.15: Einfluss des Werkstoffes auf die Wärmeeinbringung und Verteilung

Material influence on the heat input and distribution

Die größte Wärmestromdichte von ca. q = 2,8 W/mm² wurde bei der Zerspanung von Magnesium ermittelt. Bei Aluminium ist die Wärmestromdichte mit ca. q = 1,0 W/mm² und bei Stahl ca. q = 0,6 W/mm² deutlich kleiner. Der t-Test zeigt, dass der Wärmestromdichteunterschied zwischen Aluminium und Stahl bei einem leicht reduzierten Vertrauensbereich von 94% statistisch signifikant ist.

Im Hinblick auf wärmeinduzierte Verformungen ist die Wärmeverteilung in Abhängigkeit vom Material als wichtigste Größe zu betrachten. Bei der Zerspanung von Magnesium fließen durchschnittlich P_Q = 33% der erzeugten Wärme in das Werkstück. Bei Aluminium und Stahl beträgt dieser Anteil dagegen lediglich P_Q = 20% bzw. P_Q = 18%. Die Werte der beiden zuletzt genannten Materialien wurden durch den t-Test und die Literatur bestätigt [EISE00]. Wie schon vorher erwähnt, wird diese Charakteristik von den wichtigen Eigenschaften des Werkstoffes Magnesium AZ31 beeinflusst, der hohen Wärmeleitfähigkeit, den niedrigen Schmelz- und Erweichungspunkten und der schlechten Zerspanbarkeit.

Demzufolge treten bei der Trockenbearbeitung von Magnesium bzw. dem Bohren Werkstoffverklebungen und Adhäsion auf. Die starke Reibung des Werkzeugs wegen der hohen Drehzahl sowie die Verklebung und Adhäsion von Spänen sind verantwortlich für den hohen Anteil an Wärme, welcher in das Werkstück fließt.

5.2.4 Einfluss des Verschleißes auf den Wärmeeintrag

Wear Influence on the Heat Input

Die bisher beschriebenen Untersuchungen wurden mit weitgehend neuwertigen Werkzeugen und mit Werkzeugen ohne erkennbare Verschleißspuren durchgeführt. Da der Werkzeugverschleiß sehr stark Einfluss auf die Wärmeeinbringung und -verteilung hat, wurde der Verschleißeinfluss exemplarisch untersucht.

Zuerst wurde ein Probeteil aus Aluminium AlMgSi1 F31 mit einem neuwertigen Werkzeug und den folgenden Schnittparametern nach der in Abschnitt 5.2 beschriebenen Systematik gebohrt:

- Schnittgeschwindigkeit v_c 240 m/min;
- Vorschub f 0,35 mm;
- Bohrdurchmesser d 10,2 mm;
- Bohrtiefe l_b 20,4 mm (2 x d);
- Kühlschmierstoff MMKS.

Die Zielgrößen Wirkarbeit, Wärmeeinbringung pro Bohrung, Wärmestromdichte und Warmeverteilung wurden berechnet. Anschließend wurde das Werkzeug bis zum Erreichen eines Freiflächenverschleißes an den Schneidenecken von VB = 0,35 mm benutzt (**Bild 5.16**). Um diesen Verschleißvorgang zu beschleunigen, wurde in dieser Phase Stahl C35 als Werkstoff mit den folgenden Schnittparametern bearbeitet:

- Schnittgeschwindigkeit v_c 120 m/min;
- Vorschub f 0,10 mm;
- Bohrdurchmesser d 10,2 mm;
- Bohrtiefe l_b 32,0 mm;
- Kühlschmierstoff MMKS.

Obwohl davon auszugehen ist, dass die Verschleißmechanismen bei der Aluminium- und der Stahlzerspanung unterschiedlich sind, darf angenommen werden, dass das Verschleißbild und die aus dem Verschleiß resultierenden Effekte weitgehend übertragbar sind. Demzufolge kann aus dem Versuch mit relativ wenig Aufwand eine qualitative Aussage über den Verschleißeinfluss abgeleitet werden.

Um den Schneidenverschleiß zu provozieren, wurde in Stahl eine Bohrlänge von insgesamt 3,2 m gebohrt. Der Werkzeugverschleiß wurde mittels Auflichtmikroskopie dokumentiert (**Bild 5.16**). Anschließend wurde mit dem verschlissenen Werkzeug ein neues Probeteil aus Aluminium gebohrt und die bekannten Zielgrößen wurden berechnet.

Bild 5.16: Zustand der Werkzeugschneide am Ende der Verschleißphase
Cutting edge condition at the end of the wear period

In **Bild 5.17** sind die Zielgrößen dargestellt, die für das Bearbeiten mit neuwertigem (ohne) und verschlissenem Werkzeug (mit) bestimmt wurden. Da keine Zerspanversuche mit unterschiedlichen Verschleißzuständen bestimmt wurden, konnte kein Verlauf ermittelt werden.

Mit dem Einsatz des verschlissenen Werkzeugs erhöht sich die Wirkarbeit um 28% von $W_e = 1521$ J auf $W_e = 1947$ J. Aussagekräftiger ist der Zuwachs der Wärmeeinbringung pro Bohrung um 110%. Für das Werkzeug ohne Verschleiß beträgt die Wärmeeinbringung $Q_B = 336$ J und diese steigt beim verschlissenen Bohrer auf $Q_B = 712$ J an. Da die Schneiden keine optimale Geometrie mehr besitzen, wird die Spanbildung stark beeinträchtigt und die Späneabfuhr verschlechtert sich infolgedessen. Da die Bohrgeometrie und die Bearbeitungszeit konstant gehalten wurden, stieg die Wärmestromdichte aufgrund des Verschleißes um 110% von q = 1,10 W/mm² auf q = 2,33 W/mm².

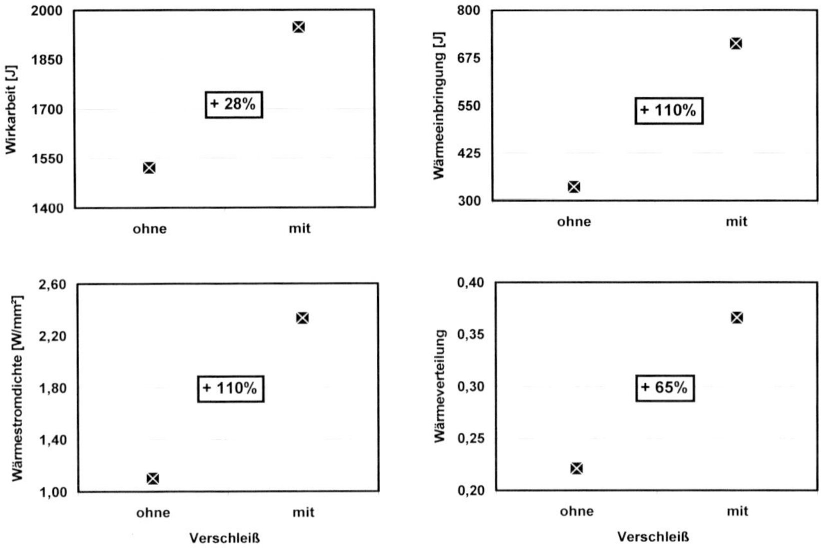

Bild 5.17: Einfluss des Verschleißes auf die Wirkarbeit (W_e), Wärmeeinbringung (Q_B), Wärmestromdichte (q) und Wärmeverteilung (P_Q)

Wear influence on the active work, heat input, heat flux and heat distribution

Demzufolge ändert sich die Wärmeverteilung deutlich. Der Anteil der Wärme, die in das Werkstück fließt, steigt von P_Q = 22,1% auf P_Q = 36,6%. Dieser erhöhte Wärmeeintrag kann bei eng tolerierten Werkstücken am Ende der Werkzeug-Standzeit zu thermischen Verformungen führen, so dass die Bearbeitungstoleranzen überschritten werden. In **Kapitel 6.3** wird dieser Zusammenhang mittels Simulation analysiert.

5.3 Simulation der thermischen Ausdehnung des Probewerkstücks

Thermal Expansion Simulation of the Sample Workpiece

Ziel ist die Entwicklung einer leistungsfähigen Methode, mit der die thermische Ausdehnung eines Werkstücks unter Prozesslast simuliert werden kann. Auf der Basis der Untersuchungen, die in **Kapitel 5.2** beschrieben sind, wurde ein FE-Modell des Testwerkstücks mit der kommerziellen Software ANSYS aufgebaut. Im Folgenden werden die Details dieses Modells beschrieben und erläutert. Dabei wurden die Einflüsse der Randbedingungen und der Simulationsparameter auf die Aussagefähigkeit untersucht, so dass der Modellaufbau und die Simulationsparameter für die folgenden Anwendungen an den Werkstücken optimiert werden konnten. Als wesentliche Parameter wurden die Elementtypen, die Netzfeinheit und die Schrittweite der Zeitverläufe variiert.

5.3.1 Aufbau des Simulationsmodells und Definition der Randbedingungen

Simulation Model Design and Boundary Conditions Definition

Im ersten Schritt werden anhand des bereits beschriebenen Versuchswerkstücks (**Bild 5.5**) die wichtigsten Einzelheiten und Merkmale des FE-Modells beschrieben. Wie bereits erwähnt, wurden alle Simulationen mit Hilfe der kommerziellen Software ANSYS durchgeführt. Da die thermische Ausdehnung keinen oder nur einen vernachlässigbaren Einfluss auf die Temperaturverteilung hat und es sich damit bei dem Simulationsmodell um eine einseitige Kopplung handelt (siehe **Kapitel 2.6.4**), kann die Berechnung in zwei Stufen durchgeführt werden. Zunächst wird die sich zeitlich ändernde Temperaturverteilung im Werkstück berechnet, die sich aufgrund der Prozesswärme einstellt. Auf der Basis dieser Temperaturen werden dann die thermisch induzierten Verformungen berechnet, die an den einzelnen Knoten auftreten. Daher ist keine Iteration zwischen Thermik und Strukturmechanik notwendig, so dass der Berechnungsaufwand und die Berechnungszeit erheblich reduziert werden können. Weiterhin wird der kontinuierliche Materialabtrag infolge des Bohrvorgangs im Simulationsmodell vernachlässigt.

Als Element für die thermische Simulation wurde der Typ SOLID70 gewählt. Es handelt sich um ein Volumenelement mit acht Knoten und nur einem Freiheitsgrad (Temperatur) pro Knoten. Um mögliche Ungenauigkeiten der Simulation zu minimieren, wurden die Geometrie des Werkstücks und das FE-Netz so aufgebaut, dass ausschließlich hexaedrische Elemente verwendet werden können. Bei dem in **Bild 5.18** beispielhaft gezeigten Modell wurden über die Werkstückhöhe (z-Richtung) acht Elemente definiert, in Längsrichtung (x-Richtung) 238 und über die Breite (y-Richtung) 22. Die für die Berechnung notwendigen thermischen und mechanischen Eigenschaften des Werkstoffs Magnesium AZ 31 sind der **Tabelle 5.8** zu entnehmen.

Bei der Simulation thermischer Eigenschaften handelt sich um eine transiente Berechnung, d.h., die Temperaturverteilung ändert sich mit der Zeit. Die gesamte Zeit, über die das Bauteilverhalten berechnet werden soll, wird demzufolge in mehrere Zeitschritte unterteilt und für jeden Schritt werden die Knotentemperaturen berechnet und gespeichert.

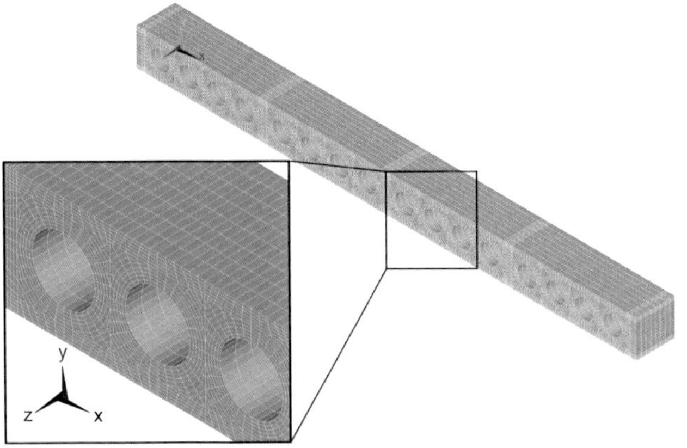

Bild 5.18: FE-Modell des Probewerkstücks mit hexaedrischen Elementen für die thermische Simulation

Sample workpiece FE model with hexahedral elements for the thermal simulation

Tabelle 5.8: Eigenschaften von Magnesium AZ31 [KAMM00]

Magnesium AZ31 properties

Eigenschaft - Magnesium AZ31	Wert		Einheit
Dichte (ρ)	1,77	x10^{-6}	(kg/mm³)
Wärmeleitfähigkeit (λ)	76,9	x10^{-3}	(W/mmK)
spezifische Wärmekapazität (c_p)	1.020		(J/kgK)
Wärmeausdehnungskoeffizient (α_a)	26,1	x10^{-6}	(mm/mmK)
Elastizitätsmodul (E)	44,8	x10^{3}	(N/mm²)
Querkontraktionszahl, Poissonzahl (μ)	0,35		-

Da die Bohrgeschwindigkeit (v_f = 6400 mm/min) sehr hoch ist und damit die Kontaktzeit und die Zeit der Wärmeeinbringung sehr kurz sind, tritt ein sehr großer Temperaturgradient auf. Deshalb müssen die Zeitschritte sehr klein gewählt werden, um eine hohe Simulationsgenauigkeit und um aussagekräftige Ergebnisse zu erhalten. Mit der Verkürzung der Zeitinkremente und damit der Erhöhung der Zahl der Berechnungsschritte steigt der Simulationsaufwand bzw. die Simulationszeit erheblich. Die in **Tabelle 5.9** gezeigten Zeitinkremente bzw. Zeitauflösungen wurden zum Analysieren der Konvergenz der Berechnungen verwendet.

Zur Definition der Auflösung wurden die Bearbeitungszeit und die Nebenzeit jeweils in zwei Abschnitte unterteilt. Die Nebenzeiten sind die Zeiten, an denen kein Kontakt zwischen Werkzeug und Werkstück stattfindet. Durch Stichversuche wurde festgestellt, dass die erste Zeit unmittelbar nach Prozessanfang und -ende mit einer feinen Auflösung abgebildet werden soll. Daher wurde der erste Abschnitt zu 25% der jeweiligen Gesamtzeit festgelegt, der zweite deckt die restlichen 75% ab. Daraus ergeben sich die in **Tabelle 5.9** genannten Zeitabschnitte. Zur Konvergenzanalyse wurden diese Abschnitte jeweils in eine unterschiedliche Anzahl von Zeitschritten unterteilt, die mit fein, mittel und grob beschrieben sind. Daraus resultieren die genannten sehr unterschiedlichen Zeitschritte je Bohrung.

Tabelle 5.9: Verteilung der Zeitschritte für unterschiedliche thermische Simulationen
Time steps distribution for different thermal simulations

Vorgang	Zeitdauer [ms]	Zeitdauer Unterteilung	Zeitschritt fein		Zeitschritt mittel		Zeitschritt grob	
			Anzahl	Δt [ms]	Anzahl	Δt [ms]	Anzahl	Δt [ms]
Bearbeitung (t_B)	191,2	Erste 25%	10	4,78	10	4,78	3	15,9
		Zweite 75%	10	14,3	10	14,3	3	47,8
Nebenzeit (t_N)	861,6	Erste 25%	100	2,16	20	10,8	3	71,8
		Zweite 75%	20	32,3	10	64,6	3	215
Anfang	0 bis 197	100%	3	98,5	3	98,5	3	98,5
Ende	42.957	100%	10	4.296	10	4.296	3	14.319
Summe (16 Bohrungen+Anfang+Ende)			2.253	60.000	813	60.000	198	60.000

Bei einer optimierten Aufteilung der Zeit und einer geeigneten Vernetzung kann die Dauer der Simulationsläufe zum Bestimmen des thermischen Verhaltens mit vertretbarem Aufwand durchgeführt werden. Die Rechenzeit ist sehr stark von der verwendeten Hardware (Art und Anzahl der Prozessoren und verfügbarer Speicher) sowie dem Betriebssystem abhängig. Beispielweise beträgt die Rechenzeit bei Verwendung eines Sun Fire E2900 Servers mit Ultra Sparc IV 1,2 GHz dual core Prozessoren und Sun Solaris Betriebssystem zwischen fünf und sechs Stunden (Berechnungen mit zwei Prozessoren und fünf Gigabyte reserviertem Speicherplatz). Die Einflüsse der Vernetzung und der Zeitinkremente werden in **Kapitel 5.3.2** diskutiert.

Zur besseren Darstellung des Bohrfortschritts wurde die Bohrmantelfläche zunächst in acht zylinderförmige Ringsegmente (Ring-Methode) unterteilt, wie in **Kapitel 5.1** erläutert. Um den Rechenaufwand zur Bestimmung der Temperaturverteilung weiter zu optimieren, wurde alternativ ein Ansatz gewählt, bei dem anstelle der Unterteilung der Bohrmantelflächen die Bohrungswand nur durch eine Fläche zur Wärmeeinleitung beschrieben wurde (Zylinder-Methode). D.h., die „Wanderung" der Wärmequelle durch den Bohrvorschub bleibt unberücksichtigt, so dass während der Bohrzeit die gesamte Bohrungsfläche mit einer konstanten Wärmestromdichte von $q = 2{,}70\ W/mm^2$ beaufschlagt wird.

Als Einwirkzeit wird die Prozesszeit, basierend auf den Versuchsdaten mit $t_B = 191{,}2$ ms, festgelegt, dementsprechend ergibt sich die Nebenzeit zu $t_N = 861{,}6$ ms, die für jeweils eine Bohrung benötigt wird.

Die aus dem vereinfachten Ansatz der Zylinder-Methode resultierenden Ergebnisse wurden anschließend mit den Ergebnissen der Simulation verglichen, die sich bei Unterteilung der Mantelflächen ergeben. Dabei wurde die ermittelte

Gesamtwärmeeinbringung für beide Simulationsansätze konstant gehalten. Der Vergleich beider Ansätze zeigt einen vernachlässigbar geringen Unterschied **(Kapitel 5.3.2**). Da der Rechenaufwand beim vereinfachten Ansatz deutlich geringer ist, wurde auch in den folgenden Berechnungen der vereinfachte Ansatz genutzt.

Eine weitere Unsicherheit im Simulationsmodell ergibt sich prinzipiell aus der Vernachlässigung der Messbohrung mit dem Durchmesser d = 2 mm, in die die Thermoelemente eingebaut wurden. Durch die Messbohrungen wird der aus dem Bohrvorgang resultierende Wärmefluss gestört. Um das Simulationsmodell einfach zu halten und die Berechnungszeit zu verkürzen, wurden die Messbohrungen nicht modelliert. Die Vereinfachung ist aufgrund der geometrischen Verhältnisse und Abmessungen des Werkstücks zulässig, da der aus dem Bohrvorgang resultierende Wärmefluss vernachlässigbar gering gestört wird. Da die Messbohrungen nicht modelliert wurden, sind die simulierten Temperaturen für den Abgleich mit den Messungen aus den Knoten entnommen, die sich in den theoretischen Messstellen befinden.

Bei der Betrachtung des Temperaturverhaltens von Werkstücken während der Bearbeitung sind grundsätzlich zwei Phasen zu unterscheiden; die Wärmeeinbringung durch den Prozess und die dadurch bedingte Werkstücksausdehnung sowie die Wärmeverluste während der Abkühlphase.

Zum Bestimmen der Wärmeverluste des Testwerkstücks wird nur der Verlust durch Konvektion abgebildet, Verluste durch Strahlung werden vernachlässigt. Wie später gezeigt werden wird, liefert diese Vorgehensweise Ergebnisse mit ausreichender Genauigkeit.

Die berechneten und gespeicherten Knotentemperaturen werden dann in der zweiten Simulationsstufe als Last für die Berechnung der thermisch bedingten Werkstückverformung genutzt. Die Geometrie und die Vernetzung bleiben unverändert und nur der Elementtyp wird von SOLID70 auf SOLID45 umgewandelt. Der Elementtyp SOLID45 ist ebenfalls ein Volumenelement mit acht Knoten, hat aber drei Freiheitsgrade pro Knoten, so dass die Verschiebungen in x-, y- und z-Richtung berechnet werden können.

Die Randbedingungen, die zur Verformungsberechnung definiert wurden, ergeben sich aus der Aufspannung des Werkstücks gemäß **Bild 5.5**. Dazu sind, in Anlehnung an die Aufnahme des Werkstücks in der Vorrichtung, zwei Knoten (feste Aufspannung) in allen Freiheitsgraden und vier Knoten in y- und z-Richtung gefesselt (Aufspannung mit freier Bewegung in x-Richtung). **Bild 5.19** zeigt, dass sich das Werkstückmodell frei in x-Richtung ausdehnen kann.

Die Simulation der thermisch bedingten Ausdehnung kann, im Vergleich zu den transienten Abläufen beim Bohren mit den dabei auftretenden hohen Temperaturgradienten, mit geringerer Zeitauflösung, d.h. nicht für jede berechnete Temperatur, die mit hochaufgelösten Zeitschritten berechnet wurde, ermittelt werden. Die Temperaturverteilung zu einem definierten Zeitpunkt kann als einzige wirkende

Last betrachtet werden, die einen definierten Verschiebungszustand bewirkt. Demzufolge kann bei der Definition des Simulationslaufs der Analysentyp im FE-Programm als „stationär“ (statisch) vorgegeben werden (siehe **Seite 84**). Demzufolge wurde das Ausdehnungsverhalten nur für etwa jeden dreißigsten Zeitschritt und das dabei gegebene Temperaturfeld simuliert. Dadurch wird die Simulationszeit erheblich verkürzt. Im Folgenden werden die Auswirkungen der diskutierten Einflüsse auf das Ergebnis der Simulation diskutiert.

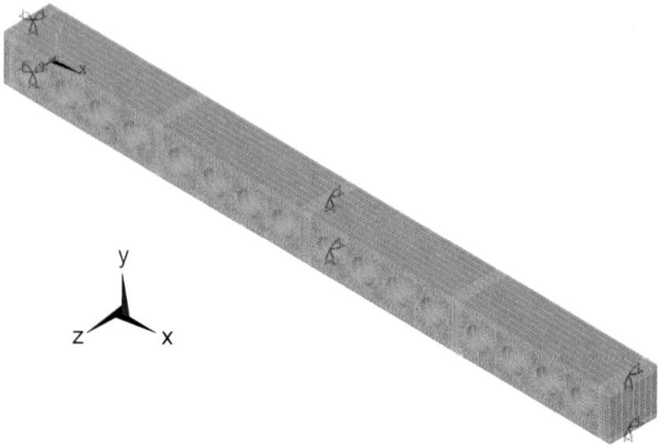

Bild 5.19: FE-Modell und Randbedingungen des Probewerkstücks für die Ausdehnungs-simulation

FE model and boundary conditions of the sample workpiece for the expansion simulation

5.3.2 Einfluss der Simulationsparameter auf Temperaturen und Ausdehnung

Simulation Parameters Influence on Temperatures and Expansion

Im ersten Schritt wurde analysiert, in welchem Umfang die Modellbildung der Bohrung, und damit der Wärmeeinbringung, das Berechnungsergebnis beeinflusst. Verglichen wurden die Simulationsergebnisse des Modells, bei dem die Bohrung des Einfachwerkstücks gemäß **Kapitel 5.1** mit Hilfe von acht zylinderförmigen Ringsegmenten (Ring-Methode) beschrieben wurde, mit den Ergebnissen, die mit dem Modell des vereinfachten Ansatzes erzielt wurden. Dabei wurde die gesamte Bohrmantelfläche (Zylinder-Methode) mit einer konstanten Wärmestromdichte beaufschlagt. Das Wandern der Wärmequelle bleibt in dem letztgenannten Modell unberücksichtigt, um den Rechenaufwand zu reduzieren. Die messtechnisch ermittelte Gesamtwärmeeinbringung für beide Simulationsansätze bleibt unverändert.

Der Vergleich zwischen beiden Simulationsmethoden ist im **Bild 5.20** zu sehen. Es ist kein wesentlicher Unterschied zwischen der Simulation mit wanderndem Ring und mit stehendem Zylinder feststellbar. Die simulierte Temperatur an der Messstelle 3 steigt bei Anwendung der Ring-Methode etwas schneller an (max. 4% Unterschied).

Die gesamte thermische Ausdehnung ist nahezu gleich, nur der Verlauf während der Bohrzeit ist durch die leicht unterschiedlichen Temperaturen geringfügig anders (max. 2% Unterschied). Da der Rechenaufwand für die Zylinder-Methode, mit einem Zeitverhältnis von ca. 1/8, deutlich kleiner ist, wird diese für die weiteren Simulationen verwendet.

Wie bereits erläutert, beeinflusst die Zeitauflösung und damit die Anzahl der Zeitschritte die Rechenzeit und die Simulationsgenauigkeit. Durch die transiente Berechnung wird die gesamte Berechnungszeit in mehrere Zeitschritte geteilt. Je mehr Zeitschritte verwendet werden, desto höher ist die Simulationsgenauigkeit aber auch die Berechnungszeit.

Für jede der insgesamt 16 Bohrungen beträgt die Prozesszeit t_B = 191,2 ms und die Nebenzeit t_N = 861,6 ms. Nach einer Optimierungsschleife wurde festgestellt, dass am Anfang der Bearbeitung und besonders am Anfang der Nebenzeit die Zeitinkremente der Berechnung kleiner sein müssen, um aussagekräftigere Ergebnisse zu erreichen. Für die ersten 25% der Bearbeitungs- und der Nebenzeit wurde eine kleinere Auflösung als für die restlichen 75% der Zeiten gewählt. Die **Tabelle 5.9** zeigt die Verteilung der Zeitschritte, die bei den unterschiedlichen thermischen Simulationen verwendet wurden.

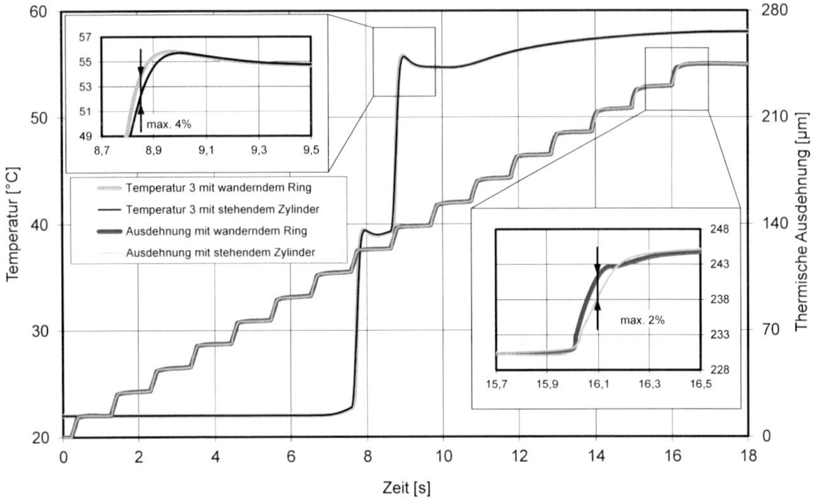

Bild 5.20: Vergleich zwischen beiden Simulationsmethoden - mit wanderndem Ring und mit stehendem Zylinder

Comparison between both simulation methods - with wandering ring and with stationary cylinder

Ein Vergleich der Ergebnisse der Simulation mit feiner und grober Auflösung ist in **Bild 5.21** dargestellt. Der Temperaturverlauf besonders am Anfang der Nebenzeit ist von der Auflösung abhängig (max. 3% Unterschied). Trotzdem wird die thermisch bedingte Ausdehnung durch die geringe Zeitauflösung kaum beeinflusst. Die Erklärung dafür ist, dass in beiden Fälle das Werkstück mit der gleichen Energiemenge beaufschlagt wird und sich annähernd in nur eine Richtung ausdehnt. Für ein geometrisch komplexes Werkstück mit undefinierter Ausdehnungsrichtung kann die Knotenverschiebung je nach Betrachtungsrichtung durch die geringe Auflösung anders beeinflusst werden. Als guten Kompromiss zwischen der Auflösung der Zeit und dem Temperaturverlauf wurde die mittlere Auflösung gewählt. Dadurch kann, im Vergleich mit der Dauer bei Verwendung der feinen Auflösung, die Simulationszeit mit einer groben Zeitauflösung um etwa 80% reduziert werden. Für eine mittlere Auflösung ergibt sich eine Minderung um etwa 40%.

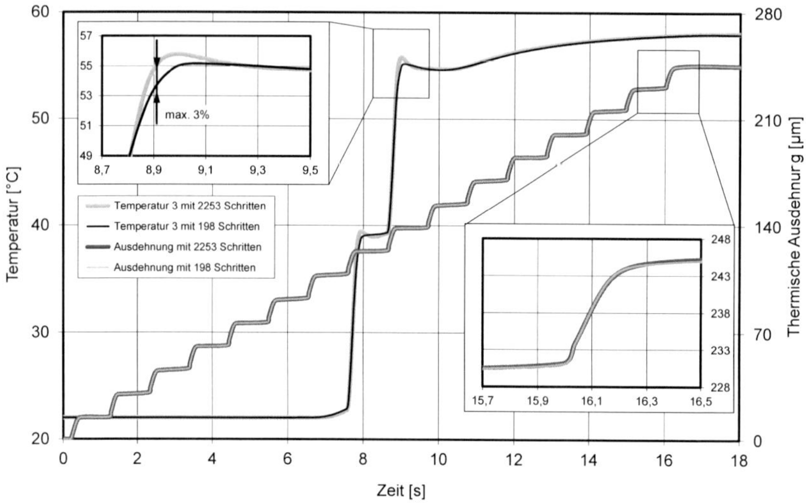

Bild 5.21: Einfluss des Zeitschritts für feine und grobe Auflösung

Influence of the time step for fine and coarse resolution

Der Einfluss der Netzfeinheit wurde, wie erläutert, mit Hilfe von zwei Modellen mit dem Ziel untersucht, das Konvergenzverhalten zu beurteilen und die Simulationsgenauigkeit und -zeit zu optimieren. Grundsätzlich gilt, dass mit gröberem FE-Netz zum Beschreiben des Werkstücks die Steifigkeit des Werkstücks steigt, der Wärmefluss wird schlechter, aber die Zeit für einen Simulationslauf wird kürzer. Mit zunehmender Netzfeinheit streben die Simulationsergebnisse gegen einen Grenzwert, so dass hier ein Optimum zwischen Ergebnisverbesserung und Simulationszeit gefunden werden muss.

Die Analyse der Einflüsse wurde anhand der beiden in **Kapitel 5.3.1** beschriebenen Modelle untersucht. Dabei wurde die Anzahl der Elemente zwischen der Bohrmantelfläche und den Temperaturmesspunkten variiert, weil damit die wichtigste

Größe zum Bestimmen der thermisch induzierten Ausdehnung definiert ist. Der Abstand zwischen Bohrmantelfläche und Messpunkt beträgt l = 4,9 mm. Diese Strecke wurde in einem relativ groben Netz über fünf Elemente in einer feinen Vernetzung durch 18 Elemente angenähert. Die mit Hilfe dieser Modelle simulierten Temperaturverläufe an der Messstelle 3 und die Ausdehnungen des Werkstücks sind in **Bild 5.22** gegenübergestellt. Im Temperaturverlauf sind nur sehr geringe Unterschiede gegeben, bei der thermisch bedingten Ausdehnung ist kein Einfluss der Netzfeinheit erkennbar. Demzufolge ist das grobe Netz mit ausreichender Genauigkeit dazu geeignet, anhand des einfachen Werkstückmodells eine Methode zum Bestimmen des thermischen Verhaltens von Werkstücken zu erarbeiten. Die Übertragbarkeit der Methode auf beliebige Werkstücke mit räumlich orientiertem Verformungsverhalten wird anschließend gezeigt.

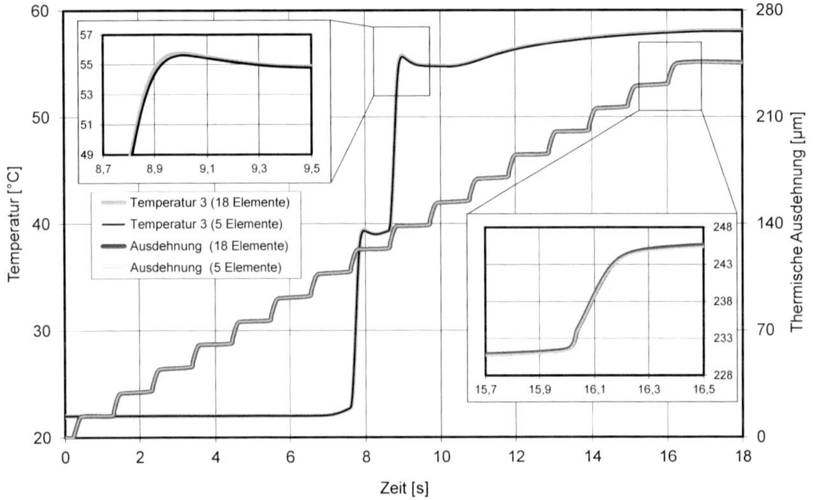

Bild 5.22: Einfluss der Vernetzung für zwei unterschiedliche Anzahlen von Elementen zwischen Bohrmantelfläche und Messpunkt (Abstand zwischen Bohrmantelfläche und Messpunkt l = 4,9 mm)

Mesh influence for two different numbers of elements between drilled hole surface and measurement point (distance between drilled hole surface and measurement point l = 4.9 mm)

Allerdings ist zu berücksichtigen, dass die Qualität der Ergebnisse bei gleichbleibender Netzfeinheit auch vom Abstand der Temperaturmessstelle von der Bohrung abhängt. Ein grobes Netz hat bei einem von l = 4,9 mm auf l = 2,4 mm verkürztem Abstand eine entsprechende Zeitverzögerung Δt = 3,5 ms in der Temperaturleitung während der Wärmeeinbringung zur Folge (**Bild 5.23**). Das grobe Simulationsmodell ist demzufolge weitgehend für Simulationen ungeeignet, bei denen der Abstand zwischen Bohrungswand und Temperaturmessstelle kleiner als l = 4 mm ist und durch die der Wärmefluss zum Zeitpunkt des Prozesses mit hoher Genauigkeit bestimmt werden soll. Die Vorschubgeschwindigkeit und damit der Temperaturgradient sind sehr hoch und erfordern demzufolge eine hohe lokale Auflösung. Trotzdem eignet sich das Modell gut für die Betrachtung der globalen thermischen Ausdehnung, nachdem die Ausgleichsvorgänge weitgehend abgeschlossen sind, wie noch gezeigt werden wird. Die lokalen Ungenauigkeiten beeinflussen das Simulationsergebnis der Gesamtausdehnung in vernachlässigbarem Umfang, da hierfür die insgesamt eingebrachte Gesamtwärmemenge entscheidend ist.

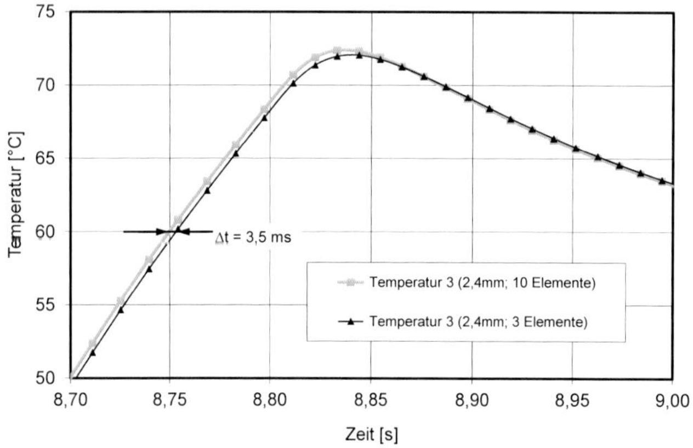

Bild 5.23: Einfluss der Vernetzung auf die Temperatur für einen Abstand von 2,4 mm zwischen Bohrmantelfläche und Temperaturmessstelle 3

Mesh influence on temperature for a distance between drilled hole surface and measurement point 3 of 2.4 mm

Grundsätzlich zeigen die zuvor diskutierten Abhängigkeiten und Untersuchungen, dass es nahezu unmöglich ist, allgemeine Aussagen zur erforderlichen Netzfeinheit und der Auflösung der Zeitschritte zu machen. Ein Berechnungsingenieur muss die Komplexität des Werkstücks bewerten, die Geschwindigkeit der Wärmeeinwirkung einschätzen und die Temperaturgradienten beurteilen. In jedem Fall ist zu empfehlen, dass zunächst Simulationsmodelle mit grober Vernetzung und schlechter Zeitauflösung aufgebaut werden, um die Tendenzen der Einflüsse zu bestimmen und somit das Modell optimieren zu können.

Neben den Fragen der Modellierung und der Zeitauflösung ist noch die grundlegende Festlegung zur Natur der Vorgänge zu betrachten. Zu unterscheiden ist dabei zwischen stationären und transienten Vorgängen bzw. Abläufen.

Stationäre oder statische Vorgänge sind zeitunabhängig. Bei der FE-Modellierung solcher Vorgänge werden Trägheits- oder Dämpfungseffekte nicht berücksichtigt. Bei transienten Vorgängen ist das Ergebnis für einen bestimmten Zeitpunkt abhängig vom Ergebnis des vorherigen Zeitpunkts bzw. -intervalls. Trägheits- oder Dämpfungseffekte müssen berücksichtigt werden.

Die Temperaturverteilung im Werkstück wird pro Lastschritt berechnet und jedes Ergebnis (Knotentemperatur) wird als Last für die Simulation der thermischen Ausdehnung verwendet. Der Gesamtprozess ist transient, d.h., Temperatur und Ausdehnung ändern sich stetig mit der Zeit. Deshalb muss für die Temperatursimulation im FE-Programm die Einstellung „transient" verwendet werden. Da die Ausdehnung in der Regel für einen definierten Temperaturzustand wie ein Foto, weniger für den Verlauf, gesucht wird, kann die Berechnung der Ausdehnung nach der Methode „stationär" (statisch), also temperaturabhängig, erfolgen.

Die Unterschiede, die sich bei Anwendung der beiden Methoden „transient" und „stationär" (statisch) im Ausdehnungsverlauf zeigen, wurden untersucht und sind exemplarisch in **Bild 5.24** gegenübergestellt. Der Gesamtverlauf für beide Einstellungen ist nahezu gleich. Allerdings treten bei transienter Simulation gegen Ende der Bohrzeit dynamische Effekte auf. Diese sind darauf zurückzuführen, dass bei struktureller, transienter FE-Berechnung der Einfluss der Werkstückmasse mit berücksichtigt wird, d.h., am Ende einer thermischen Ausdehnungsphase dehnt sich der Prüfling durch die Trägheit weiter. Da keine Dämpfung im Modell eingestellt wurde, entstehen solche Schwingungen, welche am Anfang der Simulation durch die größere Werkstückmasse deutlich ausgeprägter sind. Die Lösung neigt zu einer Instabilität.

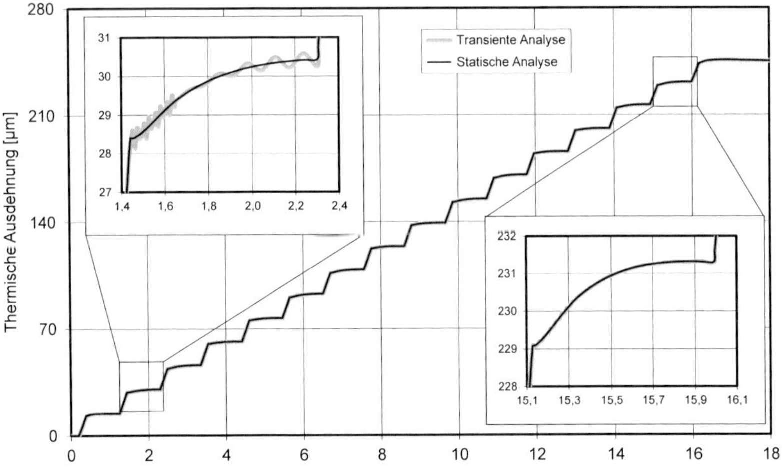

Bild 5.24: Einfluss der Analyse (transient oder statisch)
Analysis influence (transient or static)

Im realen Zerspanungsversuch sind solche Schwingungen nicht feststellbar, da nicht nur die Materialdämpfung sondern auch die Dämpfung des Zusammenbaus und der Aufspannung eine wesentliche Rolle spielt. Das Modell für die FE-Simulation der Ausdehnung kann „statisch" eingestellt werden. Durch diese Einstellung kann die Rechenzeit für einen Simulationslauf um ca. 40% reduziert werden.

ANSYS stellt für die Berechnung des Modells verschiedene *Solver* zur Verfügung und unterstützt den Anwender durch die Empfehlungen und Einsatzgebiete bei der Auswahl eines geeigneten Verfahrens. Im Rahmen der Arbeit wurden unterschiedliche *Solver* getestet und die Berechnungszeit und Konvergenz bewertet. Da Berechnungszeiten stark von der Hardware abhängen, wird auf eine Darstellung detaillierter Ergebnisse verzichtet. Es werden lediglich einige kurze Empfehlungen bezogen auf die Konvergenz gegeben.

Das *Sparse Direct Solver* (direkte Lösung) eignet sich sehr gut für die Berechnung der Temperaturverteilung aber auch für die Simulation der thermisch bedingten Ausdehnung. Eine deutliche Reduktion des Aufwands für die Temperaturberechnung wurde durch den Einsatz von *ICCG Solver* (iterative Lösung) erreicht. ANSYS empfiehlt für einfache Feldprobleme (thermisch, magnetisch oder akustisch) einen *JCG Solver*, welcher aber für die im Rahmen der Arbeit durchgeführten Temperaturberechnungen nicht konvergiert.

Damit sind die Voraussetzungen geschaffen, um das thermische Verhalten von Versuchswerkstücken zu bestimmen.

5.3.3 Bestimmung des Wärmeverlustes der Werkstücke

Determination of the Workpiece Heat Loss

Bei der Betrachtung des Temperaturverhaltens von Werkstücken während der Bearbeitung sind grundsätzlich zwei Phasen zu unterscheiden; die Wärmeeinbringung durch den Prozess und die dadurch bedingte Werkstücksausdehnung sowie die Wärmeverluste während der Abkühlphase.

Zunächst wird der Wärmeverlust des Testwerkstücks aus Magnesium AZ31 ermittelt, der nach der Bearbeitung auftritt. Wie bereits erläutert, wird der Wärmeverlust nur durch Konvektion abgebildet, Verluste durch Strahlung werden vernachlässigt.

Um das thermische Modell zu entwickeln, wird eine kombinierte messtechnisch-rechnerische Vorgehensweise angewandt. Dazu wird zunächst das Abkühlverhalten des bekannten Versuchswerkstücks gemessen. Am Ende eines Bohrversuchs weist das Werkstück eine annähernd konstante Temperatur auf. Anschließend wird der Temperaturverlauf während des Abkühlens für die Dauer einer halben Stunde aufgezeichnet.

Die Abkühlung des Werkstücks wird anschließend, ausgehend von einer konstanten Anfangstemperatur, simuliert. Bei der Simulation werden nur die Außenflächen des Werkstücks berücksichtigt, die Bohrmantelflächen werden hingegen als adiabat angenommen. Der Wärmeverlust in der Bohrung kann vernachlässigt werden, weil die Temperatur der Mantelfläche und die Luft in der Bohrung nahezu identisch sind.

Der Wärmeübergangskoeffizient $\alpha_ü$ wird im Simulationsmodell schrittweise verändert, bis die simulierten und gemessenen Temperaturverläufe weitestgehend übereinstimmen. Als Beispiel zeigt **Bild 5.25** die Temperatur an der Messstelle 3 (Werkstückmitte), welche eine gute Übereinstimmung von Simulation und Messung aufweist.

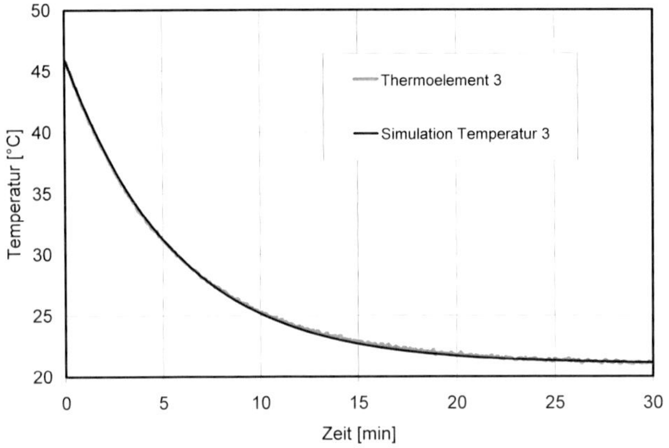

Bild 5.25: Messung und Simulation der Werkstückabkühlung
Measurement and simulation of the workpiece cooling down

Der so bestimmte Wärmeübergangskoeffizient beträgt $\alpha_ü$ = 15 W/m²°C und liegt damit in einem Bereich der Werte, die in der Literatur für den Zustand der erzwungenen Konvektion zu finden sind (**Tabelle 5.10**). Diese war hier durch den Betrieb der Absaugung gegeben.

Tabelle 5.10: Wärmeübergangskoeffizienten $\alpha_ü$ [HOLM90]
Heat transfer coefficient

Konvektionsmodus	$\alpha_ü$ **[W/m²°C]**
Freie Konvektion, (ΔT = 30 °C) senkrechte Platte 0,3 hoch in Luft	4,5
Erzwungene Konvektion, Luftstrom 2 m/s über 0,20 m quadratische Platte	12
Erzwungene Konvektion, Luftstrom 35 m/s über 0,75 m quadratische Platte	75

5.3.4 Einfluss des Wärmeübergangskoeffizienten auf Temperaturen und Ausdehnung

Influence of Heat Transfer Coefficient on Temperatures and Expansion

Um den Einfluss des Wärmeübergangskoeffizienten und damit der Wärmeverluste auf das Bauteilverhalten insgesamt zu analysieren, wurde der zuvor ermittelte Wert variiert. Dazu wurde das thermische Verhalten des FE-Modells mit zwei weiteren, unterschiedlichen Koeffizienten $\alpha_{ü1}$ = 7,5 W/m^2°C und $\alpha_{ü2}$ = 22,5 W/m^2°C (±50%) neu berechnet. In **Bild 5.26** ist anhand des Temperaturverlaufs an der Messstelle 3 gezeigt, dass der Einfluss des Koeffizienten auf die simulierten Temperaturen unmittelbar während der Bearbeitung (t < 17 s) gering ist. Während der Abkühlphase, zwischen den Zeiten t = 17 s und t = 60 s, wird der Einfluss erwartungsgemäß zunehmend größer. Je größer der Koeffizient ist, umso größer sind die Verluste und ist damit der Temperaturabfall. Zum Zeitpunkt t = 17 s beträgt der Unterschied der für die Stelle 3 simulierten Temperaturen weniger als 1% und zur Zeit t = 60 s ca. 4%. Mit weiter zunehmender Zeit wird der nichtlineare Zusammenhang zwischen den Wärmeverlusten und dem Wärmeübergangskoeffizienten deutlich. Nach ca. 20 Minuten ist die Temperatur an der Messstelle 3 für $\alpha_{ü1}$ = 7,5 W/m^2°C ca. 25% höher und für $\alpha_{ü1}$ = 22,5 W/m^2°C ca. 10% kleiner als die Temperatur für $\alpha_{ü}$ = 15,0 W/m^2°C. Die Temperaturen streben unterschiedlich schnell gegen den Grenzwert der Raumtemperatur.

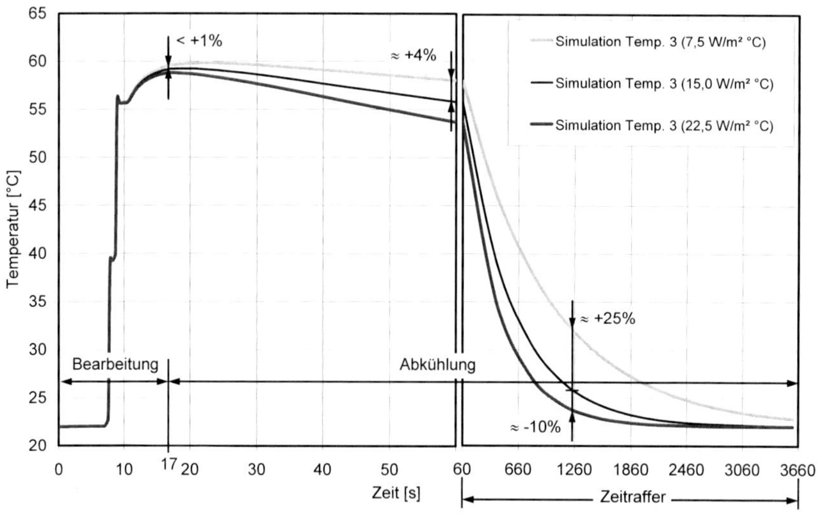

Bild 5.26: Simulation der Werkstücktemperaturen (ohne Verzögerungskorrektur) mit unterschiedlichen Wärmeübergangskoeffizienten $\alpha_{ü}$

Workpiece temperature simulation (without delay correction) for different heat transfer coefficients

In **Kapitel 4.1** wurde über den Langzeit- und Kurzzeiteinfluss der Wärme auf die Werkstückgeometrien diskutiert. Da diese Arbeit sich vornehmlich auf den Kurzzeiteinfluss konzentriert, sind mögliche Fehler aus der Bestimmung des Wärmeübergangskoeffizienten $\alpha_{ü}$ für die Temperatursimulation bis zum Zeitpunkt t = 60 s vergleichsweise gering.

Deutlich wird dies anhand der Berechnung der daraus resultierenden Werkstücksausdehnung während der Bearbeitungszeit (t < 17 s). Bedingt durch die oben beschriebene Variation des Wärmeübergangskoeffizienten variiert die Ausdehnung um ca. 1% (**Bild 5.27**). Im unmittelbaren Zeitraum nach der Bearbeitung (17 s < t < 60 s) ist die Ausdehnung nahezu linear abhängig vom Wärmeübergangskoeffizienten. Bis zum Zeitpunkt t = 60 s steigt der Unterschied auf ca. 6% und nach 20 Minuten auf mehr als 50% an. Diese Werte gelten für den Vergleich der Berechnungsergebnisse, die mit dem Ausgangswert $\alpha_{ü}$ = 15 W/m²°C ermittelt wurden, mit denen die mit dem kleineren Wärmeübergangskoeffizienten $\alpha_{ü1}$ = 7,5 W/m²°C bestimmt wurden. Danach ist der Einfluss eines kleinen $\alpha_{ü}$-Koeffizienten deutlich höher als der eines größeren Werts.

Für die Betrachtung des Kurzzeiteinflusses der Wärme auf die Ausdehnung bedeutet dies, dass ein Fehler von 50% bei der Definition des Wärmeübergangskoeffizienten nur einen geringen Einfluss auf die Berechnungsergebnisse der Bearbeitungs- bzw. Ausdehnungssimulation hat. Das entwickelte Modell ist damit robust genug gegen den Einfluss des Wärmeübergangskoeffizienten $\alpha_{ü}$.

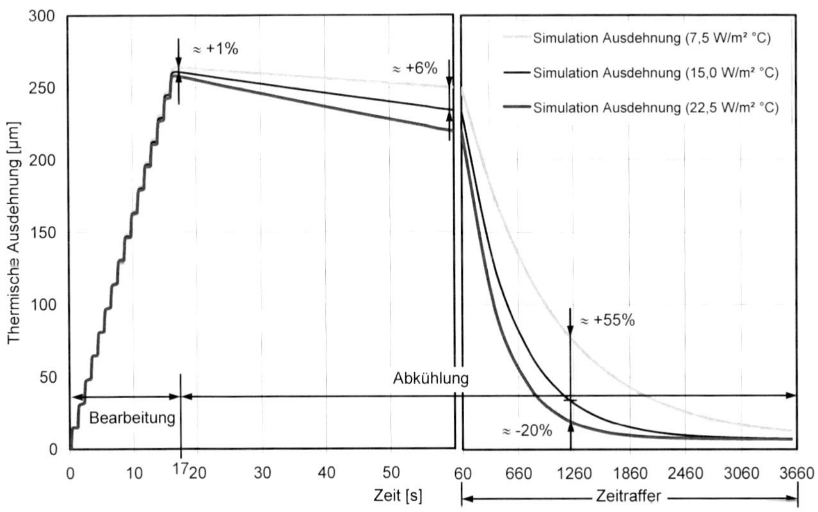

Bild 5.27: Simulation der Werkstücksausdehnung mit unterschiedlichen Wärmeübergangskoeffizienten $\alpha_{ü}$

Workpiece expansion simulation for different heat transfer coefficients

5.3.5 Simulation der Temperaturverteilung innerhalb des Probewerkstücks

Temperature Distribution Simulation within the Sample Workpiece

Im nächsten Schritt wird die Temperaturverteilung innerhalb des Probewerkstücks simuliert. Um den Rechenaufwand zur Bestimmung der Temperaturverteilung zu minimieren, wurde der vereinfachte Ansatz verwendet, bei dem nur eine Fläche zur Wärmeeinleitung genutzt wurde. In **Bild 5.28** ist in farblicher Darstellung exemplarisch die simulierte Temperaturverteilung innerhalb des Werkstücks gezeigt, die sich nach t = 16,2 s einstellt, also nach dem Fertigen der letzten Bohrung.

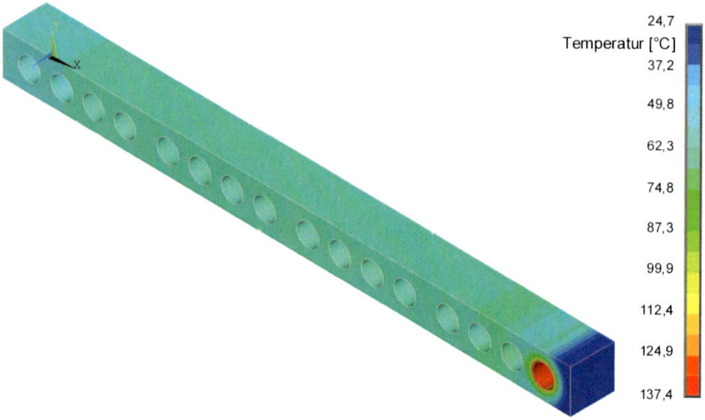

Bild 5.28: Simulation der Werkstücktemperaturen
Workpiece temperature simulation

Die an den fünf Messstellen gemäß **Bild 5.5** festgestellten Temperaturverläufe wurden berechnet und den gemessenen Werten in **Bild 5.29** gegenübergestellt. Es zeigt sich, dass die simulierten Temperaturverläufe schneller ansteigen als die mit den Thermoelementen gemessenen Kurven und dass sich in den berechneten Verläufen Stufen ausbilden. Zudem sind bei den maximal erreichten Temperaturen unterschiedliche Tendenzen zwischen Berechnung und Messung festzustellen. An den Messstellen zwei und vier sind die Messwerte größer als die berechneten Werte, an den Stellen eins, drei und fünf kleiner als die Simulationsergebnisse. Weiterhin zeigt die Simulation, dass sich nach der Bearbeitung zunehmend ein konstantes Temperaturniveau im Werkstück einstellt und die Temperaturen aufgrund der Verluste gleichmäßig sinken.

Die Einflussgrößen und ihre Wirkung auf die Kurvenverläufe werden im Folgenden detailliert untersucht.

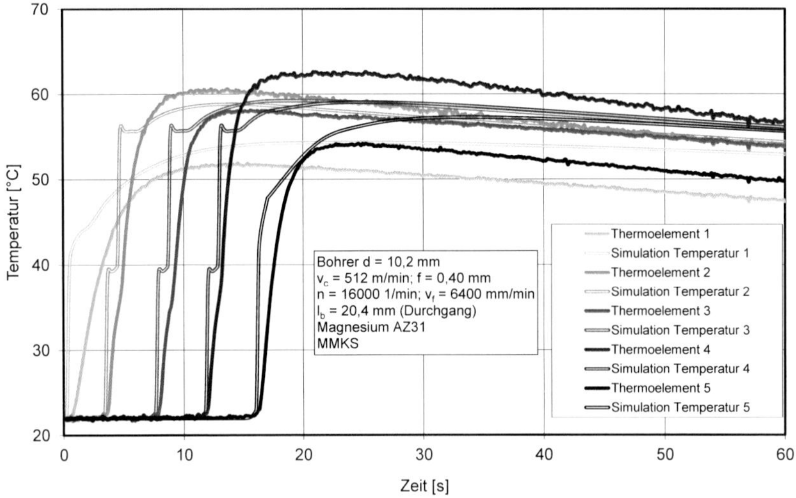

Bild 5.29: Vergleich zwischen gemessenen und simulierten Temperaturen
Comparison between measured and simulated temperatures

Verantwortlich für diese Unterschiede zwischen Simulations- und Messergebnis sind im Wesentlichen Ungenauigkeiten im Versuchsaufbau. Aufgrund des hohen Temperaturgradienten wirken sich Abweichungen von der theoretischen Position in der Positionierung der Thermoelemente unmittelbar auf den Temperaturverlauf aus. Abweichungen zwischen der realen Position eines Thermoelements und der idealen Position im Simulationsmodell führen zu Abweichungen zwischen Messergebnissen und berechneten Verläufen. Zum Prüfen dieser Erklärung wurden gezielt die Einflüsse der Positionsabweichungen simuliert, die Ergebnisse sind in **Bild 5.30** dargestellt. Simuliert wurden die Temperaturverläufe, die sich an der Messstelle 3 einstellen, wenn die Temperaturmessstellen um jeweils Δl_x = -1 mm und Δl_x = +1 mm von der theoretischen Position l = 4,9 mm abweichen. Fehlerhafte Positionierung der Thermoelemente kann, wie in diesem Beispiel provoziert, Temperaturunterschiede von ΔT = 5 °C verursachen. Selbstverständlich wird der Temperaturgradient größer, und damit ebenso der Temperaturunterschied, bezogen auf die Zielposition, je geringer der Abstand zwischen Messstelle und Bohrmantelfläche ist.

Das Zeitverhalten der Thermoelemente, durch das die Aussagefähigkeit und Modellbildung beeinflusst wird, wurde in **Kapitel 4.3.1** bereits erläutert. Beispielsweise beträgt laut Herstellerangaben die Zeitkonstante eines Elements τ = 100 ms bei einem Durchmesser von d = 0,25 mm [THER06]. Im Rahmen dieser Arbeit wurden Thermoelemente mit einem Durchmesser von d = 0,50 mm verwendet, über deren Zeitkonstante keine Aussagen vorliegen. Die Bauform lässt allerdings vermuten, dass die Konstante nur unwesentlich größer ist als die Konstante des kleineren Elements (τ = 100 ms). Als weitere Einflussgrößen auf den gemessenen

Zeitverlauf der Temperatur sind die Montage- und Kontaktbedingungen zu nennen. Diese Größen führen zu einer Summen-Zeitkonstante, deren einzelne Anteile kaum quantifiziert werden können.

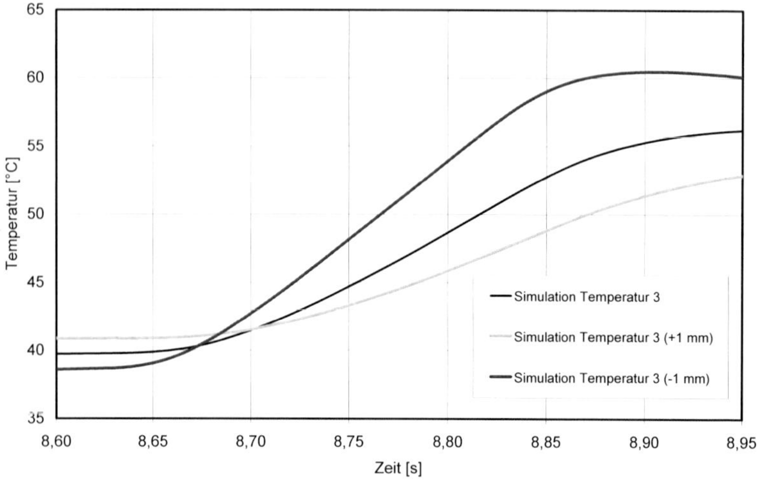

Bild 5.30: Simulation der Temperatur an Messstelle 3 mit Variation des Abstandes von der theoretischen Messstelle

Temperature simulation at measurement point 3 with variation of the theoretical distance to measurement point

Mit dem Ziel, diese Summen-Zeitkonstante zu bestimmen, die dann als Korrekturfaktor in das Simulationsmodell zum Berechnen der Temperaturverläufe integriert werden kann, wurden Bohrversuche mit dem in **Bild 5.5** gezeigten Versuchsaufbau durchgeführt. Die dabei aufgetretenen Vorschubkräfte, Drehmomente und Temperaturen an der Messstelle 3 wurden aufgezeichnet. In **Bild 5.31** sind diese Werte sowie die Positionen der Vorschubachse (z-Achse) des Bearbeitungszentrums dargestellt. Die Lage-Ist-Werte des z-Achsantriebs wurden direkt aus der Reglerbaugruppe des Antriebsreglers übernommen. Die Darstellung der Kurven beginnt zu dem Zeitpunkt, zu dem mit dem Fertigen der Bohrung gestartet wird, die unmittelbar vor der Temperaturmessstelle 3 angeordnet ist.

Mit Hilfe dieser Werte ist, wie in **Bild 5.31** gezeigt, die Synchronisation des Temperaturverlaufs mit dem Werkzeugeingriff möglich. Gekennzeichnet ist in der Darstellung die Kontaktzeit zwischen Werkzeug und Werkstück beim Bohren der zuvor angesprochenen Bohrung in unmittelbarer Nähe der Messstelle 3.

Es ist eindeutig zu erkennen, dass die gemessene Temperatur am Ende des Fertigens dieser einen Bohrung nur um ca. $\Delta T = 2$ °C gestiegen ist. Die maximal gemessene Temperatur wird nach ca. $t = 5$ s, also nach dem Einbringen der sechs folgenden Bohrungen erreicht.

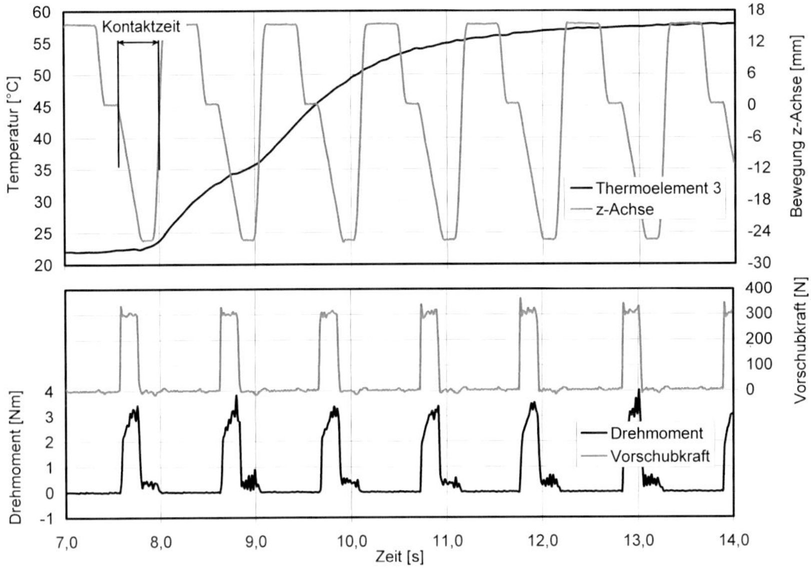

Bild 5.31: Thermoelement 3, Bewegung der z-Achse, Vorschubkraft und Drehmoment bei einem Versuchsbeispiel

Thermocouple 3, z-axis movement, torque and feed force for an example trial

Mit Hilfe dieser gemessenen Abhängigkeiten wurden dann, wie in **Kapitel 5.1** beschrieben, zum Berücksichtigen des Zeitverhaltens der Thermoelemente, die simulierten Temperaturen rechnerisch verzögert (**Gleichung 5.2**). Für diskrete Zeitschritte wurden die Temperaturen durch ein numerisches PT_1T_t -Verzögerungsglied mit einer Zeitkonstante T_1, einem Verstärkungsfaktor von K = 1 und einer Totzeit T_t beaufschlagt. **Bild 5.32** zeigt das Ergebnis der Temperaturkorrektur. Die Zeitkonstante wurde zu T_1 = 350 ms und die Totzeit T_t = 0,20 s ermittelt.

Die Erklärung für die deutlich größere Zeitkonstante im Vergleich zu **Kapitel 5.1** (T_1 = 160 ms) liegt im Abstand zwischen Bohrmantelfläche und Messpunkt: l = 4,9 mm hier und l = 1,4 mm dort.

Durch diese Anpassung konnte die Übereinstimmung zwischen gemessenen und simulierten Temperaturen wesentlich verbessert werden, sie ist aber immer noch nicht vollständig. Grundsätzlich ist eine weitere Verbesserung der Parameter des Verzögerungsgliedes iterativ möglich, bis die Übereinstimmung zwischen Messung und Rechnung für diesen Einzelfall optimal ist. Allerdings wurde bereits ausgeführt, dass die messtechnisch ermittelten Verläufe, nicht zuletzt durch Positionierungsfehler der Thermoelemente, fehlerbehaftet sind. Deshalb ist eine weitere Optimierung nicht erforderlich, da die gefundene Lösung so weit verallgemeinert werden kann, dass damit eine sehr gute Übereinstimmung zwischen der gemessenen Ausdehnung und den Ergebnissen der Simulation erreicht wird.

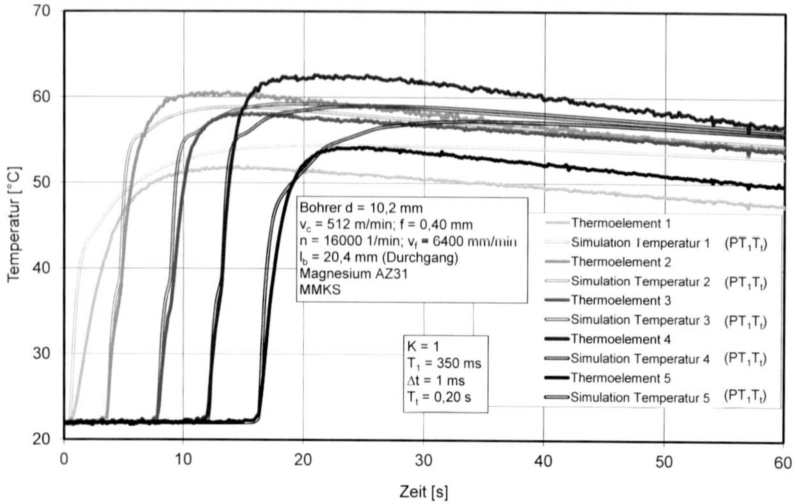

Bild 5.32: Vergleich zwischen gemessenen und simulierten Temperaturen mit Verzögerungskorrektur

Comparison between measured and simulated temperatures with delay correction

5.3.6 Simulation der thermischen Ausdehnung des Probewerkstücks

Thermal Expansion Simulation of the Sample Workpiece

Mit Hilfe der zuvor bestimmten Temperaturmodelle konnte die Temperaturverteilung innerhalb des Werkstücks aus Magnesium berechnet werden. Die Ergebnisse wurden anschließend als thermische Lasten zum Berechnen der Ausdehnung benutzt. In **Bild 5.33** ist die farbliche Darstellung der thermisch induzierten Werkstücksausdehnung gezeigt, die sich aus der Simulation der Belastung durch das Einbringen aller Bohrungen nach t = 16,2 s einstellt.

Die Entwicklung der Ausdehnung in zeitlicher Abfolge der Bohrbearbeitung ist in **Bild 5.34** dargestellt. Das Diagramm zeigt den Vergleich zwischen gemessener und simulierter Ausdehnung des Probewerkstücks. Die Ausdehnung wurde an drei Punkten der Stirnfläche des Werkstücks gemessen (**Bild 5.5**), um mögliche Kippungen der Stirnflächen zu erkennen. Da bei den Untersuchungen kein nennenswerter Unterschied zwischen den drei Messungen festgestellt wurde, wird bei den weiteren Betrachtungen nur ein Messwert als Vergleichswert verwendet.

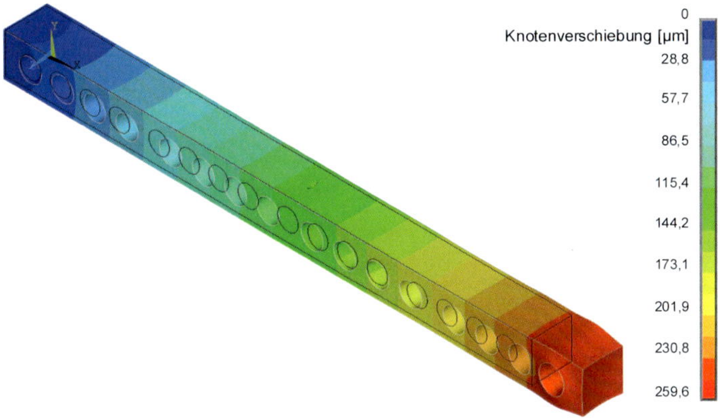

Bild 5.33: Simulation der thermischen Ausdehnung des Probewerkstücks

Thermal expansion simulation of the sample workpiece

Die Spitzen in dem gemessenen Kurvenverlauf resultieren aus elastischen Verformungen des Werkstücks während der Bearbeitung. Am Ende der Werkzeugkontaktzeit verschwinden die Messspitzen, lediglich die reine thermische Ausdehnung bleibt.

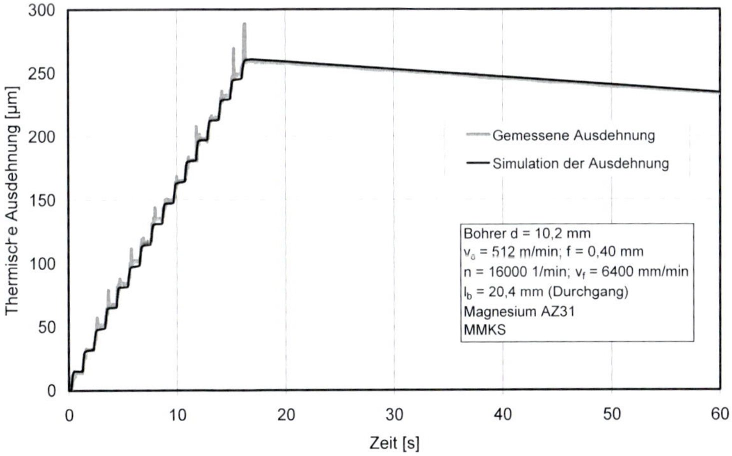

Bild 5.34: Vergleich zwischen gemessener und simulierter thermischen Ausdehnung

Comparison between measured and simulated thermal expansion

Die Messergebnisse und die Simulationsergebnisse der thermisch bedingten Ausdehnung stimmen sehr gut überein (**Bild 5.34**). Die Wärmeausdehnung ist im Wesentlichen ein Maß für die Temperaturerhöhung im Werkstück insgesamt, sie wird nur in geringem Umfang von sehr lokalen Temperaturerhöhungen oder dem - gradienten während des Bohrens beeinflusst. Demzufolge kann anhand dieses einfachen Probewerkstücks nachgewiesen werden, dass hier eine geeignete Methode entwickelt werden konnte, mit der die Wärmeausdehnung von Werkstücken bestimmt werden kann.

Es wird dadurch erwiesen, dass die Berücksichtigung der Konvektion und die Vernachlässigung der Strahlung für die hier beschriebene Anwendung ausreichende Genauigkeit der Ergebnisse zeigt. Das vereinfacht den Einsatz eines solchen Modells als Hilfswerkzeug.

Diese Methode wird im Folgenden auf ein reales Werkstück angewandt.

6 Anwendung der Grundlagenuntersuchungen auf ein Getriebegehäuse

Application of the Basic Investigations in a Gearbox

Die bisher beschriebenen Erkenntnisse sollen auf ihre Übertragbarkeit auf reale Werkstücke überprüft werden. Als Versuchswerkstück dient ein Getriebegehäuse aus Magnesium AZ91. Um das Gesamtgewicht von Fahrzeugen zu reduzieren, werden zunehmend Werkstücke aus Leichtmetallen wie Mg- oder Al-Legierungen in unterschiedlichen Bereichen des Automobilbaus eingesetzt. Bei spanender Bearbeitung derartiger Materialien wird weitgehend auf den Einsatz von Kühlschmiermitteln verzichtet bzw. eine Minimierung derselben angestrebt (Minimalmengenschmierung). Durch die komplexe Werkstückgeometrie und die erhöhte Wärmeeinbringung kann während der Bearbeitung eine sehr hohe thermoelastische Verformung induziert werden. Damit wird es in der Fertigung zunehmend schwieriger, die geforderten geometrischen Toleranzen einzuhalten.

Zum Nachweis der Praxistauglichkeit der Methode werden an dem Getriebegehäuse sowohl messtechnische Untersuchungen als auch FE-Simulationen des thermoelastischen Verhaltens durchgeführt.

6.1 Einfluss der Spannpunktsteifigkeit auf das thermoelastische Verformungsverhalten

Clamping Point Rigidity Influence on the Thermoelastic Deformation Behavior

Um eine möglichst exakte Nachbildung der Werkstückverformungen zu gewährleisten, müssen zunächst die Parameter, die das thermoelastische Verformungsverhalten eines Werkstücks aufgrund der Einspannung beeinflussen, messtechnisch erfasst werden. Dazu wurden umfangreiche Untersuchungen an einer Einspannvorrichtung für die Zerspanung von Getriebegehäusen durchgeführt (**Bild 6.1**).

Die Einspannung des Getriebegehäuses in die Vorrichtung erfolgt mittels automatisierter Spannpratzen, die durch Federkräfte das Gehäuse spannen, so dass die zu bearbeitenden Werkstücke stets sicher in der Vorrichtung gehalten werden. Zum Öffnen der Spannpratzen wird eine hydraulische Gegenkraft aufgebracht, so dass das Werkstück entnommen werden kann. Das Werkstück wird von drei derartigen Spannpratzen gehalten. Durch Fixierhebel wird sichergestellt, dass das Werkstück in einer exakt definierten Position in der Vorrichtung gespannt wird [MALY03].

Zunächst gilt es die Steifigkeit zwischen Werkstück und Spannpratze sowie zwischen Spannpratze und Vorrichtungsgestell zu ermitteln, wobei das Gestell aufgrund seiner Dimensionen für den versuchstechnischen Anwendungsfall als unendlich steif angenommen werden kann.

Zur Durchführung der Messung konnte nicht das komplette Getriebegehäuse verwendet werden, sondern es wurden jeweils diejenigen Segmente der Gehäuse herausgesägt und in die Vorrichtung eingespannt, in denen sich die Spannpunkte befinden [MALY03].

Zur Bestimmung der Spannpunktsteifigkeit wurde das eingespannte Segment mit einer Zugkraft belastet, die mit Hilfe eines piezoelektrischen Kraftsensors und einer entsprechenden Messsoftware aufgezeichnet wurde. Zwei induktive Wegaufnehmer dienten zur Erfassung der sich durch die Kraft ergebenden Verlagerung. Dabei wurde zum einen die relative Verlagerung zwischen Werkstücksegment und Spannpratze und zum anderen die Verlagerung zwischen Spannpratze und Vorrichtungsgestell aufgezeichnet [MALY03].

Die Krafteinleitung in die Werkstücke erfolgte manuell in wechselnder Folge von Belastung und Entlastung bis hin zur so genannten Losbrechkraft, bei der ein Rutschen einsetzte und sich die Werkstücksegmente aus den Spannpratzen herauslösten. Die Richtung der Krafteinleitung (Kraftwirkungslinie) entsprach dabei den Verbindungslinien zwischen den drei Einspannpunkten. Da das Werkstück an drei Punkten fixiert ist, wurden somit insgesamt sechs Messungen durchgeführt, wobei in jedem Spannpunkt je eine Belastung in Richtung der beiden anderen Spannpunkte eingebracht wurde [MALY03].

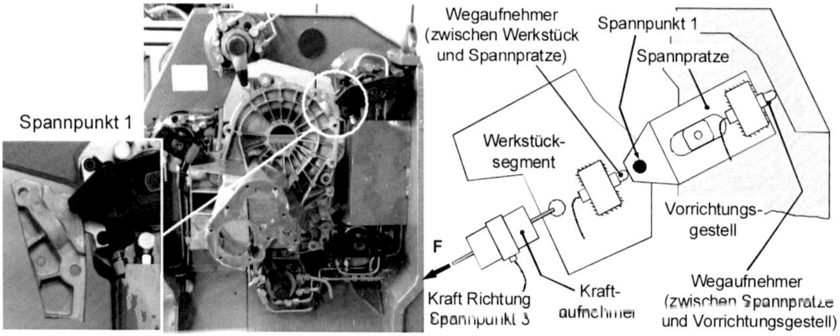

Bild 6.1: Getriebegehäusevorrichtung und Aufbau zur Messung der Steifigkeit [MALY03].
Gearbox fixture and stiffness measurement setup

Am Beispiel der Belastung von Spannpunkt 1 in Richtung von Spannpunkt 3 eines Getriebegehäuses in der Vorrichtung wird im Folgenden die Ermittlung der Steifigkeitskennwerte erläutert, die im weiteren Verlauf als Eingangsgrößen für die FE-Analyse dienen sollen. Hierfür werden zunächst die aufgezeichneten Messwerte in ein Belastungs-Verlagerungs-Diagramm eingetragen, wie es in **Bild 6.2** zu sehen ist [MALY03].

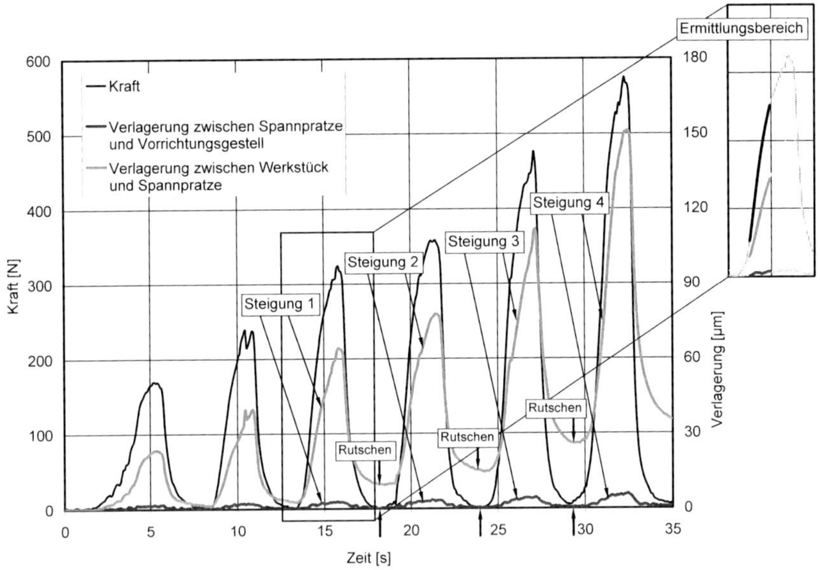

Bild 6.2: Messtechnische Untersuchung der Spannpunktsteifigkeit [MALY03].
Metrological investigation of the clamping point rigidity

Wie bereits beschrieben, erfolgte die Krafteinleitung in einem ständigen Wechsel von Be- und Entlastung, wobei die Kraftamplitude langsam gesteigert wurde. Während die Verlagerung der Spannpratze zum Vorrichtungsgestell relativ minimal ist (dunkelgraue Linie), zeigt der Verlauf der Werkstückverlagerung (hellgraue Linie), dass ab einer Kraft von ca. 300 N ein Durchrutschen des Getriebegehäusesegmentes vorgelegen hat, da der Verlagerungswert nach der Entlastung nicht mehr auf den Ausgangswert zurückgekehrt ist. Mit steigender Kraft wird das Werkstück also immer weiter aus der Einspannung herausgezogen [MALY03].

Zur Berechnung des Steifigkeitswertes zwischen Werkstück und Spannpratze wurde jeweils nur der Bereich der annähernd linear ansteigenden Verlagerungsflanke bei einer Kraft kleiner als F = 250 N herangezogen. Aus der Gesamtheit der Steifigkeitswerte wurde anschließend eine Durchschnittsteifigkeit gebildet (**Bild 6.3** und **Bild 6.4**). Durch diese Methode wurden sechs Steifigkeiten (zwei je Spannpunkt) ermittelt (**Tabelle 6.1**). Da in den Spannpunkten 2 und 3 das Werkstück zusätzlich durch einen Stift positioniert wird, sind zwei Messwerte der Steifigkeit zwischen Werkstück und Spannpratze in einer Messrichtung deutlich höher. Trotz Positionierstift kann eine Verdrehung in die andere Messrichtung nicht verhindert werden, daher fallen die weiteren zwei Messwerte fast ins ursprüngliche Niveau zurück.

Tabelle 6.1: Ermittelte Steifigkeitsmatrix für eine Gehäuseaufspannung mit drei Spannpunkten

Calculated stiffness matrix for a gearbox fixture with three clamping points

Spannpunkt	Kraft-Richtung	Durchschnittssteifigkeit [N/µm]		
		Spannpratze - Gestell	Werkstück - Spannpratze	Gesamt
1	2	30,2	3,2	2,9
1	3	100,0	6,2	5,8
2	1	115,7	9,5	8,8
2	3	71,8	65,4	34,2
3	1	60,2	8,9	7,8
3	2	82,6	99,5	45,1

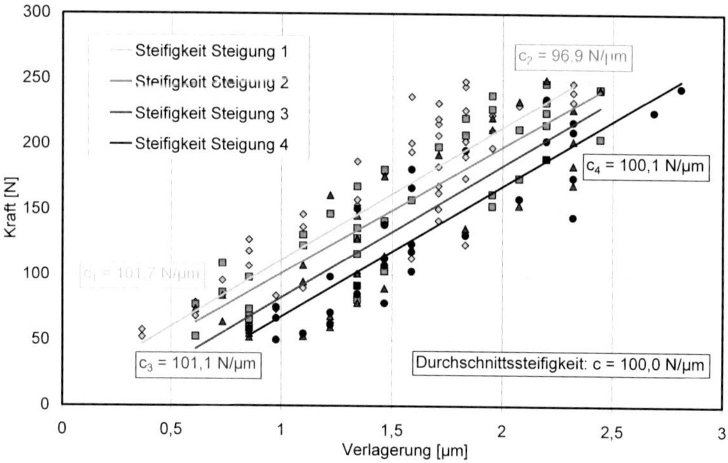

Bild 6.3: Steifigkeit zwischen Spannpratze und Vorrichtungsgestell

Stiffness between clamp and fixture frame

Um den Einfluss der Einspannung auf das Verformungsverhalten zu analysieren, wurde mit Hilfe der FE-Methode die gleichmäßige Erwärmung des Getriebegehäuses von der Umgebungstemperatur T = 22 °C auf T = 32 °C simuliert. Die Fesselung des Modells erfolgte an den dafür auch am realen Werkstück vorgesehenen Punkten. Die erste Berechnung wurde mit unendlich steifen Spannpunkten durchgeführt, die entsprechenden Knoten und Freiheitsgrade also gefesselt. Anschließend wurde die Spannpunktsteifigkeit im FE-Modell berücksichtigt, indem an den Knoten des Werkstücks, im Bereich der Spannpunkte, Federelemente mit den ermittelten durchschnittlichen Steifigkeitswerten (**Tabelle 6.1**) eingesetzt wurden.

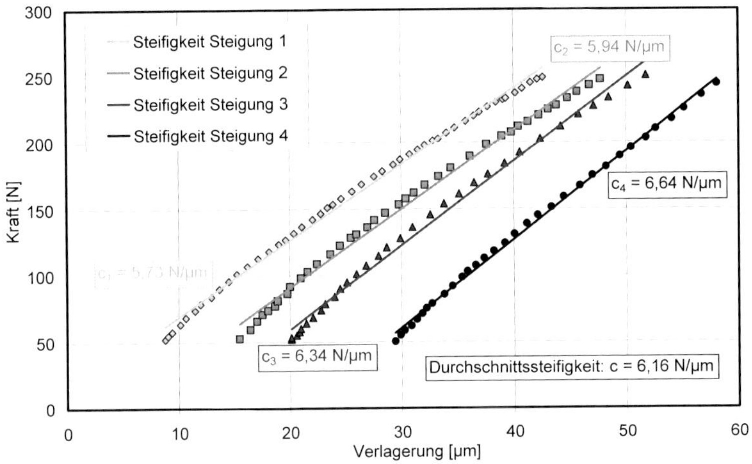

Bild 6.4: Steifigkeit zwischen Werkstück und Spannpratze

Stiffness between workpiece and clamp

Wie **Bild 6.5** zu entnehmen ist, unterscheiden sich die berechneten maximalen thermisch induzierten Verformungen der beiden Fälle nur vergleichsweise geringfügig voneinander. Die linke Bildhälfte zeigt das Modell (oben) und in farblicher Kennzeichnung die verformte Struktur bei starrer Einspannung (unten). Die maximale Verformung bei starrer Fixierung der Spannpunkte beträgt etwa Δx = 70 µm, bei realitätsnaher Spannung Δx = 76 µm (rechte Bildhälfte). Ursache für die Unterschiede ist die größere Nachgiebigkeit der Spannpunkte im realen Federmodell, die eine gleichmäßigere Materialausdehnung zulässt. Die qualitative Analyse der Verformungen beider Modelle zeigt allerdings deutliche Unterschiede. Bei unendlich steifer Einspannung weist das Getriebegehäuse, auf Grund der Fesselung in den Einspannpunkten, eine größere Verzerrung des Werkstücks auf. Daraus lässt sich ableiten, dass die Steifigkeit der Spannpunkte einen entscheidenden Einfluss auf die thermische Verformung eines solchen Werkstücks hat.

Zum Beurteilen der thermisch induzierten Verformungen ist es erforderlich, die dadurch an den wichtigen und eng tolerierten Bohrungen des Werkstücks verursachten Abweichungen zu analysieren. Die in **Bild 6.6** gekennzeichneten Bohrungen B1 und B2 sind Referenzenbohrungen, die zum Festlegen des Koordinatensystems verwendet werden, wenn die Werkstücke auf 3D-Messmaschinen vermessen werden. Die Bohrungen B102, B104 und B107 sind Lagersitze und daher sehr eng toleriert. Die Bohrungspositionen sind mit 50 µm, die Rundheit mit 10 µm toleriert. Soll zudem die Bearbeitungsgenauigkeit über die Prozessfähigkeit beurteilt werden, dann sind die einzuhaltenden Toleranzen stark eingeschränkt.

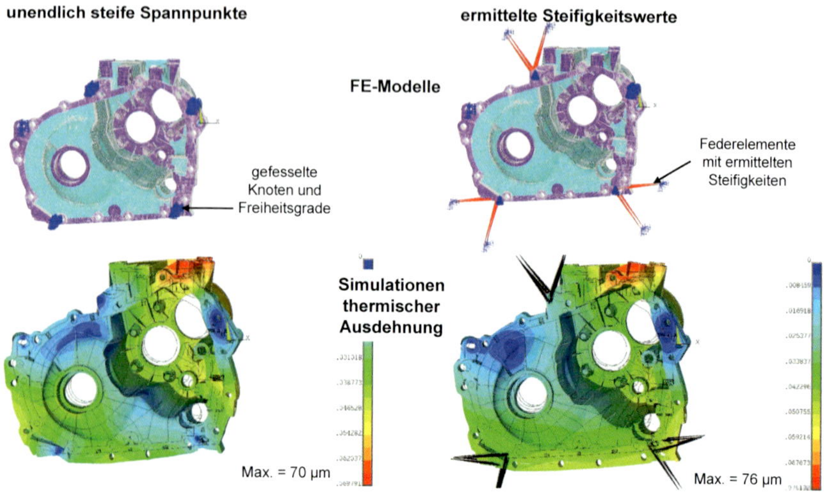

Bild 6.5: Simulation der Knotenverschiebungen bei gleichmäßiger Erwärmung des Getriebegehäuses

Nodal displacements simulation of the gearbox with uniform warming

Bild 6.6: Hauptbohrungen des Getriebegehäuses

Gearbox main holes

Die Prozessfähigkeit wird durch die Indizes C_p und C_{pk} beschrieben:

$$C_p = \frac{\text{Breite des Toleranzfensters}}{\text{natürliche Prozessstreuung}} = \frac{|OSG - USG|}{6s} \quad \textbf{(6.1)}$$

$$C_{pk} = \frac{\text{Breite des Toleranzfensters}}{\text{natürliche Prozessstreuung}} = \text{Min}\left\{\frac{OSG - \bar{x}}{3s}; \frac{\bar{x} - USG}{3s}\right\} \quad \textbf{(6.2)}$$

mit:
- OSG obere Spezifikationsgrenze
- USG untere Spezifikationsgrenze
- s Standardabweichung
- $\bar{x}$ arithmetischer Mittelwert

Für zentrierte Prozesse gilt

$$C_p = C_{pk} \quad \textbf{(6.3)}$$

sonst

$$C_p > C_{pk} \quad \textbf{(6.4)}$$

Der Einfachheit halber werden die hier beschriebenen Fertigungsprozesse als zentriert angenommen, obwohl dies häufig nicht der Fall ist.

Als Ergebnis der thermoelastischen Simulation erhält man die Koordinaten und Verschiebungen der Bohrungsknoten, mit denen die Position und die Rundheit der einzelnen Bohrungen berechnet werden können. Je Bohrung wurden eine obere und eine untere Ebene definiert und die Simulationswerte der Knoten, die die Bohrungswand beschreiben, ausgelesen und analysiert. Mit Hilfe dieser Daten kann der Mittelpunkt der durch die thermoelastische Verformung verschobenen Knoten pro Bohrung und Ebene bestimmt werden.

In **Tabelle 6.2** ist das Ergebnis einer Analyse zusammen gestellt, die aus der Simulation der Knotenverschiebungen bei gleichmäßiger Erwärmung des Getriebegehäuses abgeleitet wurde. Die Spannpunkte wurden dabei als unendlich steif angenommen. In den einzelnen Spalten sind zunächst die Bohrungsnummer, die betrachtete Ebene, die Koordinatenrichtung, der Sollwert, der berechnete Mittelpunkt und die Differenz zwischen Soll- und Ist-Wert gegeben. Zum Bewerten der thermisch bedingten Verschiebungen kann nicht die Verschiebung der jeweiligen Bohrung betrachtet werden, vielmehr sind die Abstände der Bohrungen zueinander im Hinblick auf die Funktionssicherheit entscheidend. Das Bestimmen der Abstände erfolgte in Anlehnung an die 3D-Koordinatenmesstechnik. Zuerst wurden alle Koordinaten so verschoben, dass die obere Ebene der Bohrung 1 mit der Position $x = 0$ und $y = 0$ übereinstimmt. Danach wurden die Koordinaten um den neuen Ursprung gedreht, bis die y-Koordinate der Bohrung 2 (oben) auf dem Sollwert lag. Anschließend wurde die Differenz zwischen den Sollwerten und den neu berechneten Ist-Werten bestimmt. Aus den x- und y-Differenzen wurde die Hypotenuse errechnet. Dieser Abstand entspricht der Positionsabweichung der Bohrung.

Tabelle 6.2: Position der Bohrungen nach der Simulation einer gleichmäßigen Erwärmung (+10 °C) mit unendlich steifen Spannpunkten

Holes position after uniform warming simulation (+10 °C) with infinitely rigid clamping points

Bohrung	Tiefe	Koordinate	Sollwerte [mm]	Simulation [mm]	Differenz [µm]	Verschiebung [mm]	Drehung [mm]	Differenz [µm]	Hypotenuse [µm]
1	oben	x	0,0000	0,0113	11,3	0,0000	0,0000	0,0	**0,0**
		y	0,0000	0,0003	0,3	0,0000	0,0000	0,0	
	unten	x	0,0000	0,0201	20,1	0,0088	0,0088	8,8	**11,4**
		y	0,0000	0,0076	7,6	0,0072	0,0072	7,2	
2	oben	x	-371,0000	-371,0259	-25,9	-371,0372	-371,0369	-36,9	**36,9**
		y	-48,0000	-47,9972	2,8	-47,9975	-48,0000	0,0	
	unten	x	-371,0000	-371,0278	-27,8	-371,0391	-371,0388	-38,8	**39,1**
		y	-48,0000	-48,0023	-2,3	-48,0026	-48,0051	-5,1	
102	oben	x	-95,7880	-95,7800	8,0	-95,7913	-95,7914	-3,4	**4,4**
		y	11,2340	11,2377	3,7	11,2374	11,2368	2,8	
	unten	x	-95,7880	-95,7811	6,9	-95,7924	-95,7925	-4,5	**4,8**
		y	11,2340	11,2367	2,7	11,2364	11,2357	1,7	
104	oben	x	-151,4570	-151,4623	-5,3	-151,4736	-151,4734	-16,4	**20,5**
		y	-32,8830	-32,8940	-11,0	-32,8943	-32,8953	-12,3	
	unten	x	-151,4570	-151,4640	-7,0	-151,4753	-151,4751	-18,1	**22,5**
		y	-32,8830	-32,8950	-12,0	-32,8953	-32,8963	-13,3	
107	oben	x	-254,0000	-254,0082	-8,2	-254,0195	-254,0189	-18,9	**20,2**
		y	-83,0000	-83,0051	-5,1	-83,0054	83,0071	-7,1	
	unten	x	-254,0000	-254,0086	-8,6	-254,0199	-254,0193	-19,3	**21,6**
		y	-83,0000	-83,0075	-7,5	-83,0078	-83,0095	-9,5	

Eine entsprechende Analyse wurde auf der Basis der Simulation des thermoelastischen Verhaltens des Werkstücks durchgeführt, wenn dieses gleichmäßig erwärmt und mit endlicher Spannpunktsteifigkeit beschrieben wird. Die Ergebnisse sind in **Tabelle 6.3** zusammengefasst. Der Vergleich der **Tabelle 6.2** und **Tabelle 6.3** macht deutlich, dass infolge der Nachgiebigkeit der Spannpunkte die Verzerrung des Werkstücks im Bereich der Bohrungen in den meisten Fällen weniger stark ausgeprägt ist. Lediglich die Positionsabweichung der Bohrung 102 steigt bei realistischer Einspannsteifigkeit an. Die insgesamt uneinheitliche Tendenz ist auf die Komplexität der Werkstückgeometrie zurückzuführen.

Grundsätzlich zeigen die Simulationen mit den unterschiedlichen Spannsituationen, dass die Positionen der Bohrungen innerhalb des Toleranzfeldes liegen. Die Prozessfähigkeit wäre allerdings nicht gewährleistet. Für eine häufig angenommene Prozessfähigkeit $C_{pk} = 1{,}33$ würde die Prozessstreuung $s = 6{,}3\ \mu m$ (**Gleichungen 6.1** und **6.2**) betragen. D.h., eine Schwankung der Bauteiltemperatur um 10 °C bedeutet eine Prozessfähigkeit, je nach betrachtetem Merkmal, von $C_{pk} << 1{,}33$. Angestrebt wird allerdings $C_{pk} = 1{,}67$ oder sogar $C_{pk} = 2{,}0$.

Tabelle 6.3: Position der Bohrung nach der Simulation einer gleichmäßigen Erwärmung (+10 °C) mit ermittelter Spannpunktsteifigkeit

Holes position after uniform warming simulation (+10 °C) with determined rigid clamping points

Bohrung	Tiefe	Koordinate	Sollwerte [mm]	Simulation [mm]	Differenz [µm]	Verschiebung [mm]	Drehung [mm]	Differenz [µm]	Hypotenuse [µm]
1	oben	x	0,0000	0,0073	7,3	0,0000	0,0000	0,0	**0,0**
		y	0,0000	-0,0036	-3,6	0,0000	0,0000	0,0	
	unten	x	0,0000	0,0120	12,0	0,0047	0,0047	4,7	**6,0**
		y	0,0000	0,0001	0,1	0,0036	0,0036	3,6	
2	oben	x	-371,0000	-371,0192	-19,2	-371,0265	-371,0264	-26,4	**26,4**
		y	-48,0000	-48,0024	-2,4	-47,9988	-48,0000	0,0	
	unten	x	-371,0000	-371,0218	-21,8	-371,0291	-371,0290	-29,0	**29,0**
		y	-48,0000	-48,0036	-3,6	-48,0000	-48,0012	-1,2	
102	oben	x	-95,7880	-95,7746	13,4	-95,7819	-95,7819	6,1	**6,3**
		y	11,2340	11,2322	-1,8	11,2358	11,2355	1,5	
	unten	x	-95,7880	-95,7753	12,7	-95,7825	-95,7826	5,4	**5,4**
		y	11,2340	11,2309	-3,1	11,2345	11,2342	0,2	
104	oben	x	-151,4570	-151,4570	0,0	-151,4643	-151,4642	-7,2	**13,1**
		y	-32,8830	-32,8971	-14,1	-32,8935	-32,8940	-11,0	
	unten	x	-151,4570	-151,4587	-1,7	-151,4660	-151,4659	-8,9	**14,9**
		y	-32,8830	-32,8981	-15,1	-32,8945	-32,8950	-12,0	
107	oben	x	-254,0000	-254,0038	-3,8	-254,0111	-254,0108	-10,8	**14,7**
		y	-83,0000	-83,0126	-12,6	-83,0091	-83,0099	-9,9	
	unten	x	-254,0000	-254,0020	-2,0	-254,0093	-254,0090	-9,0	**14,6**
		y	-83,0000	-83,0142	-14,2	-83,0107	-83,0115	-11,5	

In einem weiteren Schritt wurden die Knotenverschiebungen ausgewertet und die Durchmesser und Rundheitsabweichungen der Lagersitze (Bohrungen 102, 104 und 107) berechnet. Die Werte dieser Analyse sind in **Tabelle 6.4** und **Tabelle 6.5** zusammengefasst. Die Durchmesserabweichungen sind weitestgehend unabhängig von der Steifigkeit der Werkstückeinspannung. Die berechneten Rundheitsabweichungen liegen zwischen 3,5 µm $\leq \Delta r \leq$ 7,7 µm und gelten für den Fall der gleichmäßigen Erwärmung des Werkstücks um ΔT = 10 °C. Die Abweichungen sind, obwohl die nominellen Durchmesser nahezu identisch sind, unterschiedlich stark ausgeprägt. Wenn die Bohrungen bei dieser erhöhten Temperatur bearbeitet werden, stellen sich nach dem Abkühlen entsprechende Formabweichungen ein. Obwohl die Werte noch innerhalb der Toleranz liegen, ist auch hier davon auszugehen, dass mit diesen Werten die Prozessfähigkeit auf jeden Fall nicht gewährleistet wird. Für eine Prozessfähigkeit C_{pk} = 1,33 würde die Prozessstreuung für die Rundheit s = 1,25 µm (**Gleichungen 6.1** und **6.2**) betragen!

Im Gegensatz zum Positionsfehler kann die Rundheit einer Bohrung nicht einfach korrigiert werden. Abhilfe kann dabei nur die Kontrolle der Werkstücktemperatur während der Zerspanung geschaffen werden, beispielsweise durch den Einsatz von Kühlschmierstoffen. Für eine Trockenbearbeitung müssen neue Ansätze zum Mindern thermisch induzierter Bauteilungenauigkeiten entwickelt werden. Die thermoelastische Simulation kann hier im Vorfeld das Bauteildesign unterstützen und die Auslegung von Verrippungen und Verstrebungen in Hinsicht auf die Fertigungsgenauigkeit verbessern.

Tabelle 6.4: Rundheit der Bohrung nach der Simulation einer gleichmäßigen Erwärmung (+10 °C) mit unendlich steifen Spannpunkten

Holes circularity after uniform warming simulation (+10 °C) with infinitely rigid clamping points

Bohrung	Tiefe	Durchmesser				Rundheit
		Soll	Mittelwert	Maximum	Minimum	
		[mm]	[mm]	[mm]	[mm]	[µm]
102	oben	34,000	34,008	34,010	34,007	**3,5**
	unten	34,000	34,009	34,010	34,007	**3,0**
104	oben	31,000	31,008	31,011	31,004	**6,1**
	unten	31,000	31,008	31,010	31,006	**4,2**
107	oben	32,500	32,509	32,511	32,507	**4,5**
	unten	32,500	32,507	32,510	32,505	**5,0**

Tabelle 6.5: Rundheit der Bohrung nach der Simulation einer gleichmäßigen Erwärmung (+10 °C) mit ermittelter Spannpunktsteifigkeit

Holes circularity after uniform warming simulation (+10 °C) with determined rigid clamping points

Bohrung	Tiefe	Durchmesser				Rundheit
		Soll	Mittelwert	Maximum	Minimum	
		[mm]	[mm]	[mm]	[mm]	[µm]
102	oben	34,000	34,009	34,011	34,006	**5,3**
	unten	34,000	34,009	34,010	34,007	**3,0**
104	oben	31,000	31,008	31,009	31,007	**2,5**
	unten	31,000	31,008	31,009	31,007	**2,2**
107	oben	32,500	32,508	32,511	32,507	**4,3**
	unten	32,500	32,508	32,512	32,504	**7,7**

6.2 Thermische Untersuchung des Getriebegehäuses

Thermal Investigation of the Gearbox

Die bisherigen Untersuchungen bei gleichmäßiger Erwärmung des Werkstücks dienten im Wesentlichen dazu, die Einflüsse der Werkstückspannung sowie der Umgebungs- und/oder der Anfangstemperatur auf die thermoelastische Verformung des Werkstücks zu verdeutlichen. Entscheidend ist allerdings, dass durch den Bearbeitungsprozess zunächst lokale Temperaturerhöhungen auftreten, die infolge der Wärmeleitung zu einem inhomogenen Temperaturfeld im Werkstück führen. Diese reale Erwärmung des Werkstücks während der Zerspanung und die daraus folgenden Arbeitsungenauigkeiten sind Gegenstand der weiteren Untersuchungen.

Das Werkstück muss in zwei Aufspannungen bearbeitet werden. Die unterschiedlichen Bearbeitungsoperationen und die prozentuale Verteilung der dabei produzierten Späne ist in **Bild 6.7** dargestellt. Das Bild zeigt die abgetragenen Volumina in Prozent je nach Bearbeitungsprozess. Dabei ist anzumerken, dass die Summe der zerspanten Werkstoffmasse beim Bohren und Aufbohren (53,5% und 50,1%) größer ist als zerspante Masse beim Fräsen (45,3% und 44,9%). Weiterhin ist davon auszugehen, dass beim Bohren und Gewindeschneiden, nicht zuletzt aufgrund der Trockenbearbeitung, wegen der erhöhten Reibung und der längeren Kontaktzeit zwischen Werkzeug und Werkstück die thermische Belastung in Folge dieser Bearbeitungsoperationen höher und somit kritischer für die Bearbeitungsgenauigkeit und das thermoelastische Verformungsverhalten ist als bei den Fräsoperationen.

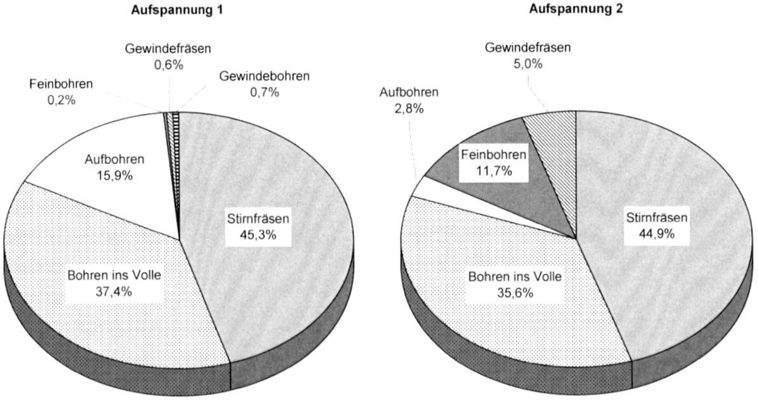

Bild 6.7: Bearbeitungsprozesse und Verteilung der abgetragenen Volumina des Getriebegehäuses

Machining processes and distribution of removed volume of the gearbox

Während der Realisierung von charakteristischen und kritischen Operationen wurden die Temperaturen, die während der Bearbeitung entstehen, an dem Getriebegehäuse gemessen. In **Bild 6.8** ist das Werkstück gezeigt, an dem die Lage der beiden Bohroperationen und die Positionen der zur Temperaturerfassung eingesetzten Thermoelemente gekennzeichnet sind. Zudem sind die Schnittbedingungen für die Aufbohroperation angegeben.

Die Thermoelemente wurden in radialer Richtung zur Bohrungsachse in unterschiedlichen Tiefen zur Bohrung montiert. Ziel war es, die Elemente möglichst nahe an der zu erzeugenden Bohrmantelfläche zu positionieren. Allerdings ergaben sich bei der Positionierung Unsicherheiten aufgrund der unterschiedlichen Werkstückaufmaße und der Schwankung bei der Werkstückaufspannung. Es kann allerdings davon ausgegangen werden, dass der Abstand der Elemente zur Bohrungswand immer kleiner als l = 2 mm betrug.

Weiterhin wurden Flächensensoren auf dem Werkstück aufgeklebt, um den Wärmefluss von der Bohrung auf die Werkstückoberfläche zu erfassen. Diese weisen eine geringere Messgenauigkeit und größere Messunsicherheiten auf.

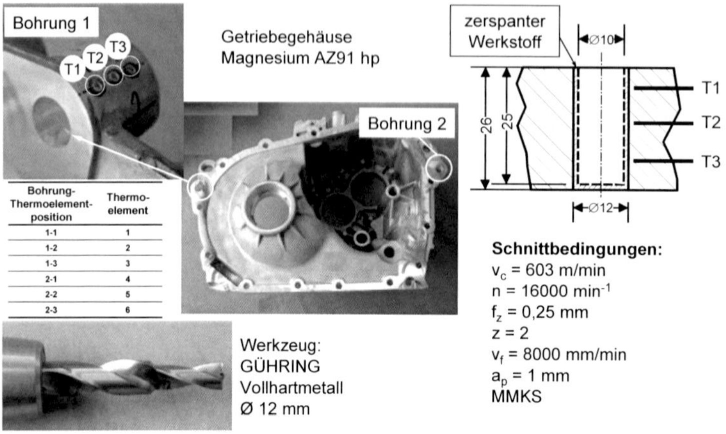

Bohrung-Thermoelement-position	Thermo-element
1-1	1
1-2	2
1-3	3
2-1	4
2-2	5
2-3	6

Bild 6.8: Bedingungen des ersten Bohrversuches (Aufbohren)
Conditions of the first hole investigation (drilling)

Bild 6.9 zeigt die Temperaturverläufe, die während des ersten Bohrversuches und dem Bearbeiten der Bohrungen 1 und 2 aufgezeichnet wurden. Die Werte der Thermoelemente 1 bis 3 wurden an der ersten Bohrung, die der Elemente 4 bis 6 an der zweiten erfasst. Der Temperaturanstieg beträgt im oberen Bereich der beiden Bohrungen (Thermoelemente 1 und 2 sowie 4 und 5) ungefähr ΔT = 100 °C, im unteren Bereich (Thermoelemente 3 bzw. 6) etwa ΔT = 80 °C. Da der Unterschied an beiden Bohrungen gleichartig auftritt, kann davon ausgegangen werden, dass dies auf die kürzere Bearbeitungs- und Kontaktzeit im unteren Bereich der Bohrung zurückzuführen ist. Da der Materialabtrag mit V_M = 977 mm^3 relativ gering ist, muss der wesentliche Wärmeanteil aus der Reibung zwischen dem sehr schnell rotierenden Werkzeug (v_c = 603 m/min, n = 16.000 min^{-1}) und dem Werkstück resultieren.

Auf der Außenfläche des Gehäuses wurden Temperaturen zwischen T = 40 °C und T = 60 °C mittels thermoempfindlicher Aufkleber detektiert. Die Wandstärke zwischen Bohrmantelfläche und Aufkleber variieren zwischen 6 und 7 mm bedingt durch die Formschrägen des Druck-Guss-Werkstücks.

Die Temperaturunterschiede sind im Wesentlichen auf die Trägheit der Sensoren, die unterschiedlichen Restwandstärken der Gussteile und den Wärmefluss zurückzuführen. Dennoch zeigen die Werte, dass der Temperaturgradient sehr hoch ist und die hohe Erwärmung des Werkstücks sehr lokal ist. Die Werkstückabkühlung erfolgt ebenfalls schnell.

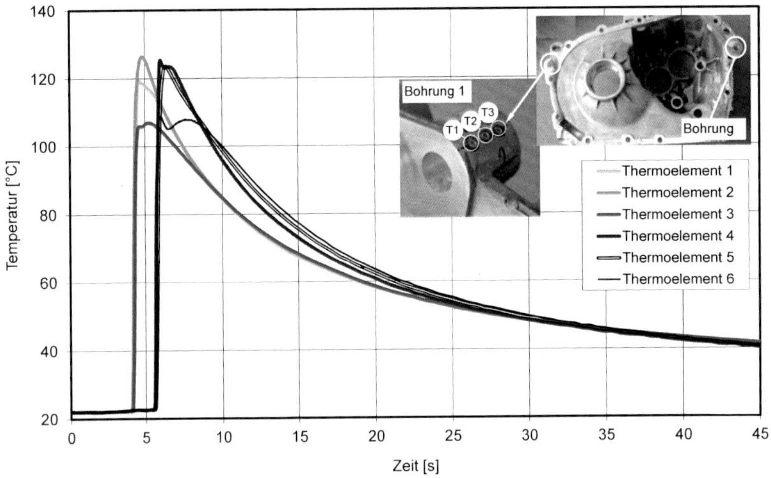

Bild 6.9: Gemessene Temperaturen beim ersten Bohrversuch
Measured temperatures of the first hole investigation

In einer weiteren Bearbeitungsfolge sind auf der Rückseite des Werkstücks, verteilt um die beiden Lagerbohrungen B102 und B104, insgesamt neun Bohrungen ins Volle einzubringen. Drei dieser Bohrungen wurden in einer weiteren Versuchsreihe realisiert. Die Schnittbedingungen und die Positionen der Thermoelemente sind in **Bild 6.10** gezeigt. Bei gleicher Drehzahl ist im Vergleich zur Operation 1 die Schnittgeschwindigkeit mit v_c = 251 m/min deutlich geringer, der Vorschub wurde auf f = 0,1 mm reduziert. Der Materialabtrag beträgt demzufolge nur ca. V_M = 490 mm^3, also nur etwa halb so viel wie während der Bohroperation 1.

Infolge der geänderten Prozessbedingungen beträgt der maximale Temperaturanstieg nur etwa ΔT = 35 °C (**Bild 6.11**) und ist damit deutlich kleiner als während der Bohroperation 1 (ΔT = 100 °C). Es ist auch hier anzunehmen, dass der Temperaturgradient sehr hoch ist und eine sehr lokalisierte Werkstückerwärmung stattfindet. Weiterhin ist festzustellen, dass der Temperaturanstieg an der tiefer liegenden Messstelle der jeweiligen Bohrung, aufgrund der geringeren Vorschubgeschwindigkeit, zeitlich verzögert auftritt und um etwa ΔT = 5 °C bis 15 °C deutlich schwächer ausfällt.

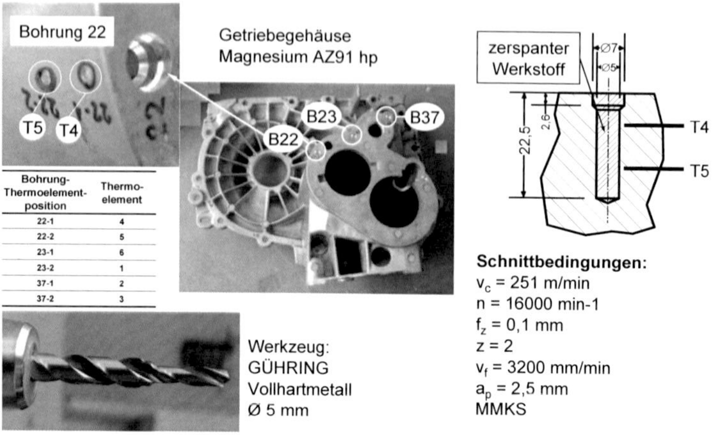

Bohrung-Thermoelement-position	Thermo-element
22-1	4
22-2	5
23-1	6
23-2	1
37-1	2
37-2	3

Bild 6.10: Bedingungen des zweiten Bohrversuches

Conditions of the second hole investigation

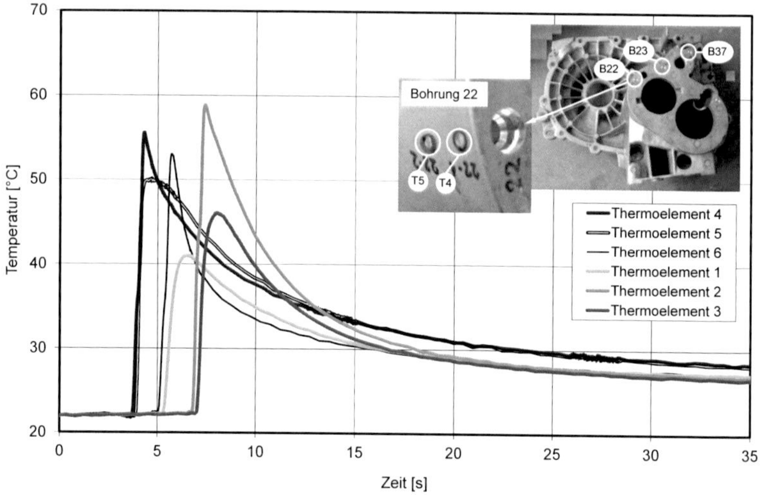

Bild 6.11: Gemessene Temperaturen beim zweiten Bohrversuch

Measured temperatures of the second hole investigation

In einem weiteren Versuch wurden die während der Bearbeitung der eng tolerierten Bohrungen B102 und B104 auftretenden Temperaturen gemessen. Hier handelt es sich um eine Aufbohroperation mit sehr hoher Schnittgeschwindigkeit v_c = 1684 m/min und mit einem Zerspanungsvolumen von ca. V_M = 2640 mm³ für die Bohrung B102 bzw. ca. V_M = 2400 mm³ für die Bohrung B104. Die

Versuchsbedingungen, das Werkzeug und das Werkstück sind im **Bild 6.12** dargestellt.

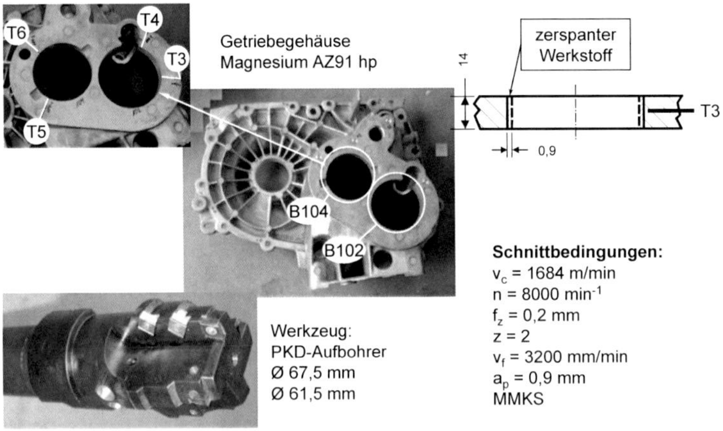

Bild 6.12: Bedingungen des ersten Aufbohrversuches
Conditions of the first boring investigation

Bild 6.13 zeigt, dass der Temperaturanstieg während dieser Bearbeitungsoperation mit ΔT < 4 °C gering ist. Durch die sehr hohe Schnittgeschwindigkeit und den großen Vorschub ist die Kontaktzeit zwischen Werkzeug und Werkstück sehr gering. Insbesondere ist der geringe Temperaturanstieg aber auf die optimierte Schneidegeometrie des Werkzeugs zurückzuführen. Die Eingriffslänge der PKD-Schneiden ist kurz, so dass wenig Reibkontakt besteht. Der Spanraum ist großzügig dimensioniert, so dass die Späne kaum Kontakt zum Werkstück haben und unmittelbar aus der Durchgangsbohrung heraus fallen können.

Der gleiche Effekt wurde auch beim Aufbohrversuch der Bohrung B107 festgestellt. **Bild 6.14** zeigt die Schnittbedingungen, das Werkzeug und die Position der Thermoelemente. Die technologischen Parameter wurden in Anlehnung an die im zuvor realisierten Versuch festgelegt. Lediglich der Vorschub wurde 30% von f = 0,20 mm auf f = 0,26 mm erhöht.

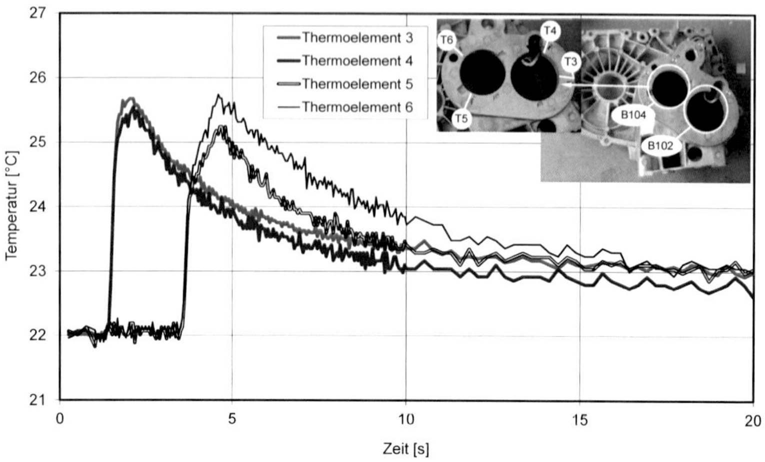

Bild 6.13: Gemessene Temperaturen beim ersten Aufbohrversuch

Measured temperatures of the first boring investigation

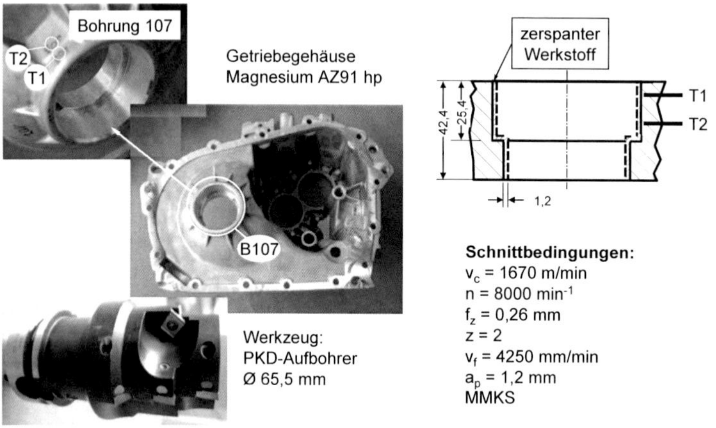

Bild 6.14: Bedingungen des zweiten Aufbohrversuches

Conditions of the second boring investigation

Der Prozess verursacht einen Temperaturanstieg von weniger als 5 °C (**Bild 6.15**). Verantwortlich für dieses Verhalten ist auch hier die geringe Kontaktzeit und Eingriffslänge zwischen Werkzeug und Werkstück, sowie die optimale Spanabfuhr. Auffallend ist allerdings die deutlich ausgeprägte kurzzeitige Temperaturspitze an der tiefer im Werkstück gelegenen Temperaturmessstelle. Diese Temperaturspitze wird wahrscheinlich durch die zusätzliche Zerspanung des Stirnbereiches (Übergang beider Durchmesser) verursacht.

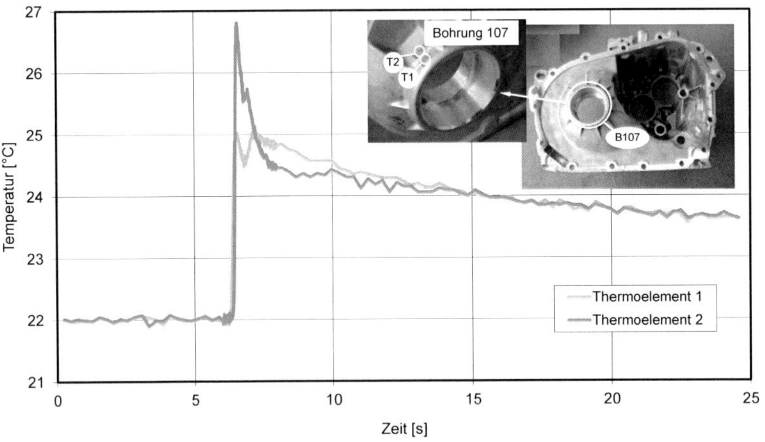

Bild 6.15: Gemessene Temperaturen beim zweiten Aufbohrversuch

Measured temperatures of the second boring investigation

Als letzte Operation wurde die Fügefläche des Gehäuses gefräst. Die dabei induzierten Temperaturen wurden mit Hilfe von sechs Thermoelementen gemessen, die von der Unterseite des Flansches an die Bearbeitungsebene gebracht wurden. Die Schnittgeschwindigkeit betrug v_c = 2.212 m/min. Mit einem vierschneidigen PKD-Werkzeug und einem Vorschub von f_z = 0,2 mm je Zahn ergibt sich die sehr hohe Vorschubgeschwindigkeit von f = 12.800 mm/min (**Bild 6.16**).

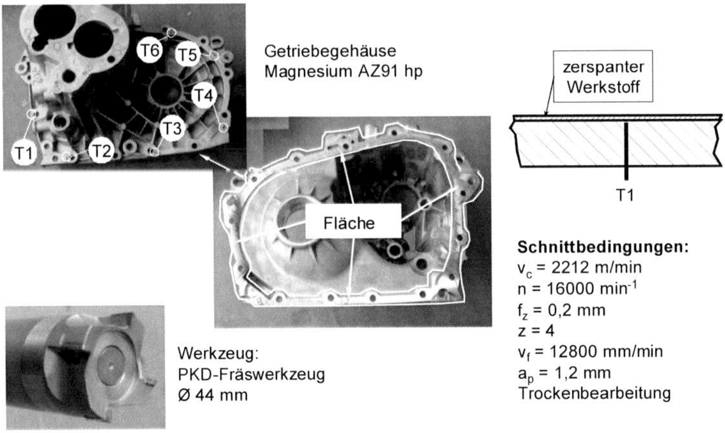

Bild 6.16: Bedingungen des Fräsversuches

Conditions of the milling investigation

Infolge der geometrisch optimierten und sehr scharfen Schneide, der einwandfreien und ungestörten Spanabfuhr, in Verbindung mit der sehr hohen

Vorschubgeschwindigkeit bzw. der sehr geringen Kontaktzeit, ist der Wärmeeintrag in das Werkstück sehr klein. Der gemessene Temperaturanstieg ist mit maximal ΔT = 3 °C sehr gering (**Bild 6.17**). Überlagert wird dieser Temperaturanstieg an den Messstellen von einem geringfügigen linearen Anstieg, der auf den Fluss der Zerspanungswärme und damit auf den Temperaturausgleich innerhalb des Werkstücks zurückzuführen ist.

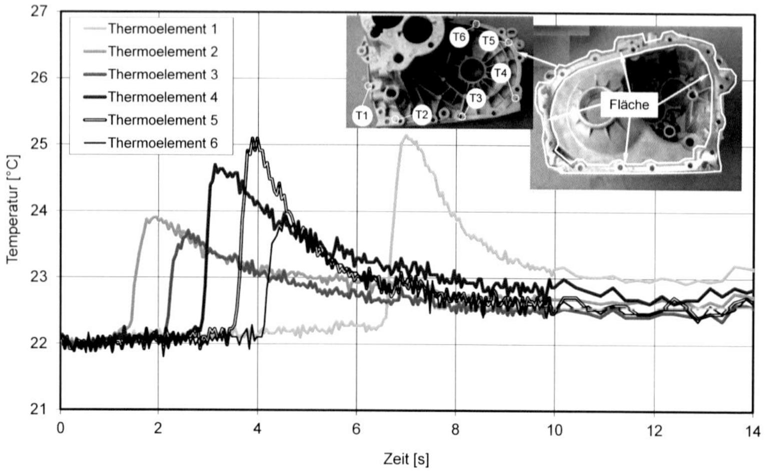

Bild 6.17: Gemessene Temperaturen beim Fräsversuch

Measured temperatures of the milling investigation

Die Ergebnisse der während der verschiedenen Bearbeitungen gemessenen Temperaturerhöhungen sind **Bild 6.18** zusammengefasst.

Unter Berücksichtigung der Zerspanungsvolumina in den verschiedenen Operationen (**Bild 6.7**) und dem Wärmeeintrag, der damit jeweils verbunden ist, ist festzustellen, dass die thermische Belastung im Wesentlichen aus dem Bohren ins Volle und einzelnen Aufbohrprozessen resultiert. In diesen Operationen werden bei dem hier betrachteten Werkstück etwa 35% bis 45% der zerspanten Werkstoffvolumina erzeugt. Der Anteil des Stirnfräsens am Zerspanungsvolumen ist mit ca. 45% ebenfalls hoch, allerdings wird durch diesen Prozess weniger Wärme eingebracht und hat damit weniger Einfluss auf das thermoelastische Verformungsverhalten des Werkstücks. Das ist der Grund, warum das Bohren in dieser Arbeit im Mittelpunkt steht. Die Simulationsuntersuchungen des thermischen Verhaltens des Werkstücks können deshalb auf den Bohrprozess beschränkt werden. Simulationsuntersuchungen zum Bestimmen der Einflüsse anderer Prozesse könnten Gegenstand weiterer Arbeiten sein.

OP	Bearbeitung	Werkzeug	Schnitt-Bedingung	Temperatur-Messung (max. ΔT)
B1 B2	Aufbohren	Vollhartmetall ∅ 12,0 mm	v_c = 603 m/min f_z = 0,25 mm z = 2 a_p = 1,0 mm	ca. 100°C
B22 B23 B37	Bohren	Vollhartmetall ∅ 5,0 mm	v_c = 251 m/min f_z = 0,1 mm z = 2 Tiefe = 22,5 mm	ca. 35°C
B102 B104	Aufbohren	PKD-Aufbohrer ∅ 67,5 mm ∅ 61,5 mm	v_c = 1684 m/min f_z = 0,2 mm z = 2 a_p = 0,9 mm	ca. 4°C
B107	Aufbohren	PKD-Aufbohrer ∅ 65,5 mm	v_c = 1670 m/min f_z = 0,26 mm z = 2 a_p = 1,2 mm	ca. 5°C
Fläche	Fräsen	PKD-Fräswerkzeug ∅ 44 mm	v_c = 2212 m/min f_z = 0,2 mm z = 4 a_p = 1,2 mm	ca. 3°C

Bild 6.18: Ergebnisüberblick der Temperaturmessung eines Getriebegehäuses während der Trockenbearbeitung

Results overview of the mesasured temperatures during dry cutting

6.3 Thermische Simulation des Getriebegehäuses

Thermal Simulation of the Gearbox

Auf der Basis der im Versuch gewonnenen Erkenntnisse werden im folgenden Simulationsuntersuchungen durchgeführt, mit deren Hilfe die thermisch bedingten Verlagerungen der wichtigsten Lagerbohrungen B102, B104 und B107 ermittelt werden sollen. Dazu muss im ersten Schritt ein geeignetes FE-Modell des Getriebegehäuses entwickelt werden.

Das FE-Modell des Gehäuses wurde in Anlehnung an die in **Kapitel 5.3.1** beschriebenen Erkenntnisse aufgebaut. Wegen der komplexen Geometrie des Werkstücks, das viele Verrippungen und dünne Wände besitzt, ist es sinnvoll, zum Modellaufbau Schalenelemente in Kombination mit Volumenelementen zu verwenden. Deshalb wurden die Elementtypen SHELL57, SOLID70 (thermisch) sowie SHELL63, SOLID45 (strukturell) zum Modellaufbau benutzt, mit denen das thermische bzw. elastische Verhalten simuliert wurde. Etwas mehr als 10% der Volumenelemente sind zudem Tetraeder-Elemente. Weitere Simulationsparameter und Einstellungen für die Simulationsläufe wurden in **Kapitel 5.3.2** diskutiert.

Die Einspannung des Werkstücks wurde mit elastischen Elementen abgebildet. Hierbei wurden die in **Kapitel 6.1** ermittelten Spannpunktsteifigkeiten eingesetzt. Demzufolge wurden im Bereich der Spannpunkte die Knoten des Werkstücks durch Federelemente mit einem unendlich steifen Rahmen verbunden (**Bild 6.19**). Zum Nachbilden der Positionierstifte am Werkstück wurden die entsprechenden Modellknoten gefesselt.

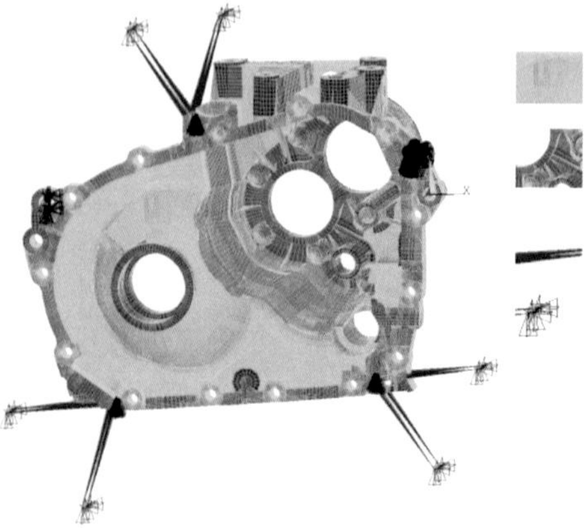

Bild 6.19: FE-Modell des Getriebegehäuses - Einspannung des Werkstücks
FE model of the gear box - workpiece clamping

Wie bereits erläutert, stellt die Bohrbearbeitung die wesentliche thermische Belastung für das Werkstück dar. Deshalb wurde das thermoelastische Verhalten durch die Bearbeitungssimulation der Bohrungen 3 bis 16 (**Bild 6.20**) ermittelt und die daraus resultierenden thermoelastischen Verformungen der Hauptbohrungen B102, B104 und B107 bestimmt. Mit Hilfe dieser Bohrungen wird das Getriebegehäuse mit dem Kupplungsgehäuse verschraubt. Die Bohrungen werden in der Reihenfolge ihrer Nummerierung bearbeitet.

Bild 6.20: Bohrungen 3 bis 16 des Getriebegehäuses - Verschraubung zwischen Getriebe- und Kupplungsgehäuse
Gear box holes # 3 to 16 - screw joint between gear and clutch box

Die thermische Last, die in den einzelnen Bohrungen wirkt, wurde nach der Zylinder-Methode über die gesamte Bohrmantelfläche als konstante Wärmestromdichte aufgebracht (**Kapitel 5.3.2**).

Der Wärmeverlust des Getriebegehäuses wurde ebenfalls nur durch Konvektion simuliert. Die Außenflächen des Werkstücks werden mit einem Wärmeübergangskoeffizient $\alpha_{ü}$ = 15 W/m² °C beaufschlagt (**Kapitel 5.3.3**).

Die Bearbeitung der 14 Bohrungen dauert etwa 16 s, demzufolge ist der Temperaturgradient groß. Entsprechend klein muss das Zeitinkrement der Simulation sein, um aussagekräftige Ergebnisse zu erhalten. In diesem Fall wurde mit den Zeitschritten gerechnet, welche in **Tabelle 6.6** gezeigt werden.

Tabelle 6.6: Verteilung der Zeitschritte für die thermische Simulationen des Gehäuses
Time steps distribution for thermal simulation of the gear box

Vorgang	**Zeitdauer [ms]**	**Zeitdauer Unterteilung**	**Zeitschritt fein**	
			Anzahl	**Δt [ms]**
Bearbeitung (t_B)	154,3	Erste 25%	10	3,86
		Zweite 75%	10	11,6
Nebenzeit (t_N)	928,1	Erste 25%	100	2,32
		Zweite 75%	20	34,8
Anfang	0 bis 696	100%	3	348
Ende	44.151	100%	10	4.415
Summe (14 Bohrungen + Anfang + Ende)			1.973	60.000

Bild 6.21 zeigt die Temperaturverteilung, die sich nach dem Bearbeiten der Bohrungen einstellt. Das Gehäuse hat eine Anfangstemperatur von 22 °C, die während der Bearbeitung in weiten Bereichen des Werkstücks unverändert bleibt. Höhere Temperaturen treten zum Ende der Bearbeitung im Wesentlichen im Flansch und konzentriert im Bereich der Bohrungen auf. Die maximale Temperatur beträgt etwa T = 39 °C. Da der Flansch eine sehr wichtige Stützwirkung für das Getriebegehäuse hat, ist davon auszugehen, dass dadurch entsprechende thermoelastische Verformungen des Werkstücks provoziert werden.

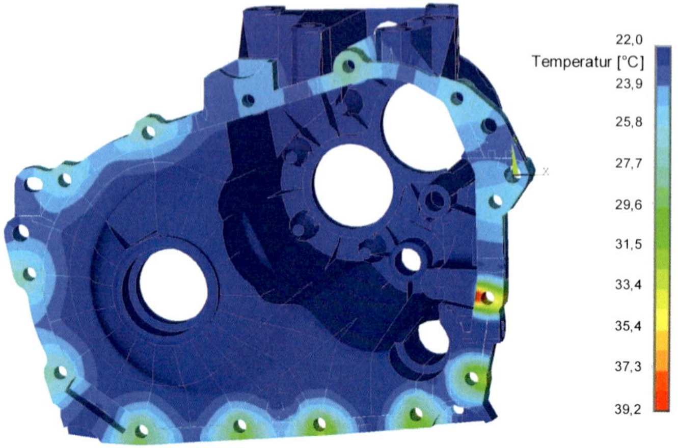

Bild 6.21: Temperaturverteilung am Ende des Bohrens 3 bis 16 bei ca. 16 s
Temperature distribution at the end of drilling from holes # 3 to 16 at ca. 16 s

Die durch die Temperaturänderungen bedingten Verformungen sind in **Bild 6.22** dargestellt. Die maximale Verformung beträgt am Ende der Bohrprozesse nach t = 16 s etwa x = 22 µm. Ein Vergleich zwischen **Bild 6.21** und **Bild 6.22** zeigt, dass aufgrund der Komplexität der Struktur keine Korrelation zwischen den Temperaturen und den Verformungen herstellbar ist. Das inhomogene Temperaturfeld hat räumlich orientierte Verschiebungen und Verformungen der Lagerbohrungen zur Folge.

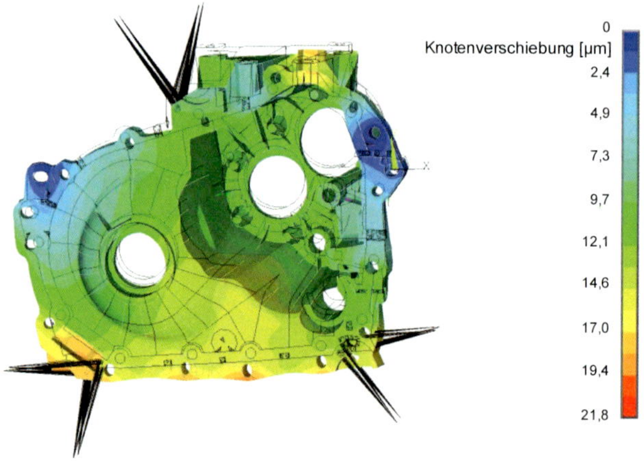

Bild 6.22: Thermoelastische Verformung am Ende des Bohrens 3 bis 16 bei ca. 16 s
Thermoelastic distortion at the end of drilling from holes # 3 to 16 at ca. 16 s

Auch wenn die maximale Verformung mit $\Delta x = 22\ \mu m$ deutlich geringer ist als die Verformung, die sich bei gleichmäßiger Erwärmung des Werkstück um $\Delta T = 10\ °C$ ergibt (**Bild 6.5**), so ist damit noch keine Aussage über die Auswirkungen auf die Bohrungsverschiebungen möglich. Hierzu sind weitere Analysen erforderlich.

Deshalb wurden, in Anlehnung an die in **Kapitel 6.1** vorgestellte Systematik, die Positionen und die Rundheit der Lagerbohrungen B102, B104 und B107 bestimmt, die am Ende des Bohrprozesses auftreten (**Tabelle 6.2**). Die Ergebnisse der Auswertung sind in **Tabelle 6.7** zusammengefasst. Am Ende der Bohrbearbeitung treten Verschiebungen der Bohrungen von nahezu $\Delta x = 10\ \mu m$ auf. Diese sind um etwa 35% geringer als die Werte, die bei gleichmäßiger Erwärmung des Werkstücks auftreten (vergleiche **Tabelle 6.3** und **Tabelle 6.7**), obwohl die unter Prozessbedingungen maximal am Werkstück auftretende Verschiebung um etwa 70% geringer ist. Die lokal begrenzte Erwärmung hat also vergleichsweise stärkere Verformungen des Werkstücks zur Folge.

Hier wäre die Prozessfähigkeit ebenso gefährdet. In **Kapitel 6.1** wurde für eine angenomme Prozessfähigkeit $C_{pk} = 1{,}33$ eine maximale Prozessstreuung von $s = 6{,}3\ \mu m$ berechnet. Die Simulation zeigt bereits Verschiebungen in dieser Größenordnung, welche zu einer möglichen Überschreitung der maximalen Streuung führen kann.

Tabelle 6.7: Position der Hauptbohrungen B102, B104 und B107 am Ende des Bohrungsprozesses

Position of the main holes B102, B104 and B107 at the end of the drilling process

Bohrung	Tiefe	Koordinate	Sollwerte [mm]	Simulation [mm]	Differenz [µm]	Verschiebung [mm]	Drehung [mm]	Differenz [µm]	Hypotenuse [µm]
1	oben	x	0,0000	-0,0002	-0,2	0,0000	0,0000	0,0	**0,0**
		y	0,0000	-0,0013	-1,3	0,0000	0,0000	0,0	
	unten	x	0,0000	-0,0008	-0,8	-0,0007	-0,0007	-0,7	**0,9**
		y	0,0000	-0,0019	-1,9	-0,0006	-0,0006	-0,6	
2	oben	x	-371,0000	-371,0042	-4,2	-371,0040	-371,0038	-3,8	**3,8**
		y	-48,0000	-47,9998	0,2	-47,9984	-48,0000	0,0	
	unten	x	-371,0000	-371,0072	-7,2	-371,0070	-371,0068	-6,8	**6,9**
		y	-48,0000	-48,0005	-0,5	-47,9992	-48,0008	-0,8	
102	oben	x	-95,7880	-95,7853	2,7	-95,7852	-95,7852	2,8	**8,9**
		y	11,2340	11,2246	-9,4	11,2259	11,2255	-8,5	
	unten	x	-95,7880	-95,7852	2,8	-95,7850	-95,7851	2,9	**9,6**
		y	11,2340	11,2240	-10,0	11,2253	11,2249	-9,1	
104	oben	x	-151,4570	-151,4541	2,9	-151,4540	-151,4539	3,1	**9,5**
		y	-32,8830	-32,8927	-9,7	-32,8914	-32,8920	-9,0	
	unten	x	-151,4570	-151,4541	2,9	-151,4539	-151,4538	3,2	**9,7**
		y	-32,8830	-32,8928	-9,8	-32,8915	-32,8921	-9,1	
107	oben	x	-254,0000	-254,0031	-3,1	-254,0029	-254,0026	-2,6	**9,8**
		y	-83,0000	-83,0097	-9,7	-83,0084	-83,0094	-9,4	
	unten	x	-254,0000	-254,0031	-3,1	-254,0030	-254,0026	-2,6	**9,7**
		y	-83,0000	-83,0095	-9,5	-83,0082	-83,0093	-9,3	

Die Rundheitsfehler von $1\ \mu m < \Delta r < 2\ \mu m$ (**Tabelle 6.8**) sind prinzipiell klein, können aber wie vorher erwähnt nicht einfach korrigiert werden. Die maximale Prozessstreuung von $s = 1{,}25\ \mu m$ wurde in **Kapitel 6.1** für eine Prozessfähigkeit $C_{pk} = 1{,}33$ berechnet. Die thermoelastische Simulation kann als Hilfswerkzeug benutzt werden, um die Bearbeitungsstrategie zu bestimmen und die Verformung zu reduzieren.

Es ist ebenso zu berücksichtigen, dass sich der Zustand der Werkzeuge während des Bearbeitungsprozesses durch Verschleiß ändert. In **Kapitel 5.2.4** wurde gezeigt, dass die Wärmeeinbringung in das Werkstück sich verdoppeln kann.

Tabelle 6.8: Rundheit der Hauptbohrungen B102, B104 und B107) am Ende des Bohrungsprozesses

Circularity of the main holes B102, B104 and B107 at the end of the drilling process

Bohrung	Tiefe	Durchmesser				Rundheit
		Soll	Mittelwert	Maximum	Minimum	
		[mm]	[mm]	[mm]	[mm]	[µm]
102	oben	34,000	34,000	34,001	33,999	**1,8**
	unten	34,000	34,000	34,000	33,999	**1,1**
104	oben	31,000	31,000	31,001	30,999	**1,1**
	unten	31,000	31,000	31,000	31,000	**0,7**
107	oben	32,500	32,500	32,500	32,499	**1,4**
	unten	32,500	32,500	32,500	32,500	**0,4**

6.4 Vergleich zwischen Simulation und gemessenen Daten

Comparison between simulation and measured data

Um die Praxisrelevanz und Genauigkeit des Modells zu überprüfen, wurden kritische Elemente an sechs Getriebegehäusen trocken bearbeitet, die erreichten Maße erfasst und mit den Simulationsergebnissen verglichen.

Um die Aussagegenauigkeit zu erhöhen, wurde eine Bearbeitungsstrategie festgelegt, so dass die thermischen Ausgangsbedingungen eindeutig definiert waren. Zuerst wurde die Fügefläche (siehe **Bild 6.16**) gefräst und die Referenzbohrungen 1 und 2 aufgebohrt. Nach einer Abkühlphase wurden die Bohrungen 3 bis 16 bearbeitet und sofort anschließend die Bohrungen 102, 104 und 107 aufgebohrt. Dadurch ist es möglich, analog zur Simulation (**Kapitel 6.3**), die Wirkung der Zerspanung der Bohrungen 3 bis 16 auf mögliche thermisch bedingte Verschiebungen der Positionen der Bohrungen 102, 104 und 107 zu untersuchen.

Die Fertigungsmaße wurden auf einer Koordinatenmessmaschine erfasst. Wie in **Bild 6.20** gezeigt, wurden die Werkstücke mit Hilfe der bearbeiteten Fläche und den Bohrungen 1 und 2 referenziert. Anschließend wurden die Mittelpunktpositionen (P_{mes}) der Bohrungen 102, 104 und 107 bestimmt. Hierzu wurden die Messwerte in einer Tiefe von 2 mm der Bohrung aufgenommen. Damit korrelierte die Messebene direkt mit der Ebene der Knoten im FE-Simulationsmodell.

Um den Vergleich der Bearbeitungsergebnisse mit den Simulationsergebnissen zu ermöglichen, müssen zunächst die Ausgangssituationen aneinander angepasst werden.

Die Simulation liefert eine thermisch bedingte Veränderung der Position der Bohrungen. Ausgegeben werden also die Positionen im warmen Werkstückzustand, wie vereinfacht in **Bild 6.23 a** und **b** dargestellt.

Demgegenüber werden in der Praxis zunächst die Bohrungen 3 bis 16 bearbeitet, so dass die Bohrungen 102, 104 und 107 thermisch bedingt verschoben werden. Die Bearbeitung erfolgt allerdings in den für den kalten Zustand definierten Sollpositionen. Die Verlagerungen der unbearbeiteten Bohrungen werden beim Positionieren des Werkzeugs nicht berücksichtigt (**Bild 6.23 b**).

Durch das Abkühlen des Werkstücks „wandern" dann die Bohrungen 102, 104 und 107 aus den Sollpositionen. Um diesen Effekt müssen die simulierten Positionen (warmer Zustand) angepasst werden, um den Vergleich zwischen Messung und Simulation zu ermöglichen. Das „Abkühlen" des Simulationsmodells kann durch eine Spiegelung der Position P_{sim} in die Position P_{kor} nachgebildet werden (**Bild 6.23 c** und **d**).

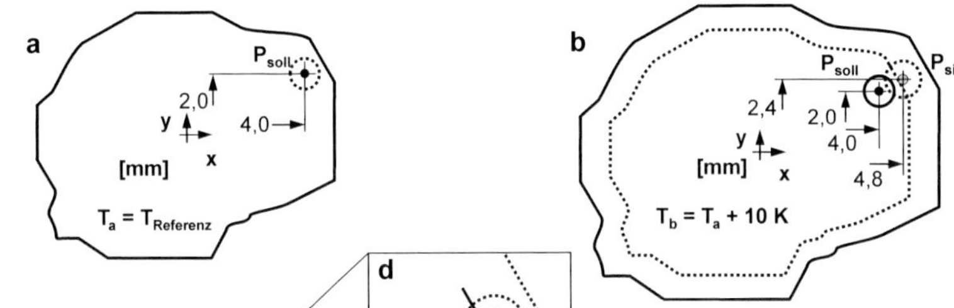

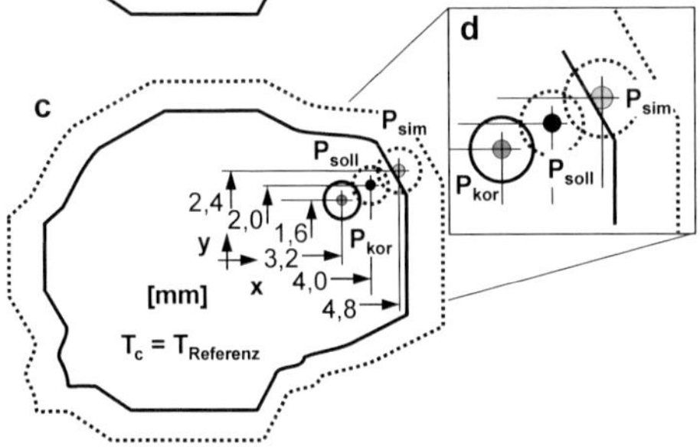

l_0 [mm]	l_1 [mm]	Δl [mm]	α_a [1/K]	ΔT [K]
4,0	4,8	+0,8	0,02	+10
2,0	2,4	+0,4	0,02	+10
4,0	3,2	-0,8	0,02	-10
2,0	1,6	-0,4	0,02	-10

Bild 6.23: Herstellung der gemeinsamen Ausgangssituation an einem Beispiel (gemäß **Gleichungen 5.6** und **5.7**)

Preparation of a common starting situation with an example

Tabelle 6.9 zeigt die Gegenüberstellung der Simulationsdaten (P_{sim}) und der Ergebnisse des Bearbeitungstests (P_{mes}), die als Mittelwerte aus den, an den sechs Gehäusen gemessenen, Werten ermittelt wurden.

Nach der zuvor beschriebenen Korrektur der Simulationsdaten in den kalten Zustand (P_{kor}) wurden dann die Abweichungen zwischen den Ergebnissen berechnet (Differenzen).

Eine grafische Darstellung der Ergebnisse aus **Tabelle 6.9** wird in **Bild 6.24** präsentiert. Die Spiegelung von simulierten und korrigierten Positionen um die Sollwerte ist eindeutig erkennbar.

Tabelle 6.9: Vergleich zwischen simulierten und gemessenen Positionen der Hauptbohrungen B102, B104 und B107

Comparison between simulated and measured position of the main holes B102, B104 and B107

Bohrung	Tiefe	Koordinate	Sollwerte (P_{soll})	Endposition Simulation (P_{sim}; warm)	Korrigierte Position nach Abkühlen (P_{kor}; kalt)	Mittelwert Messung (P_{mes}; kalt)	Differenzen P_{kor} - P_{soll}	P_{mes} - P_{soll}	P_{mess} - P_{kor}
			[mm]	[mm]	[mm]	[mm]	[µm]	[µm]	[µm]
1	oben	x	0,0000	0,0000	0,0000	0,0000	0,0	0,0	0,0
		y	0,0000	0,0000	0,0000	0,0000	0,0	0,0	0,0
2	oben	x	-371,0000	-371,0038	-370,9962	-371,0019	3,8	-1,9	-5,7
		y	-48,0000	-48,0000	-48,0000	-48,0000	0,0	0,0	0,0
102	oben	x	-95,7880	-95,7852	-95,7908	-95,7938	-2,8	-5,8	-3,1
		y	11,2340	11,2255	11,2425	11,2442	8,5	10,2	1,7
104	oben	x	-151,4570	-151,4539	-151,4601	-151,4655	-3,1	-8,5	-5,3
		y	-32,8830	-32,8920	-32,8740	-32,8716	9,0	11,4	2,4
107	oben	x	-254,0000	-254,0026	-253,9974	-253,9898	2,6	10,2	7,6
		y	-83,0000	-83,0094	-82,9906	-82,9859	9,4	14,1	4,7

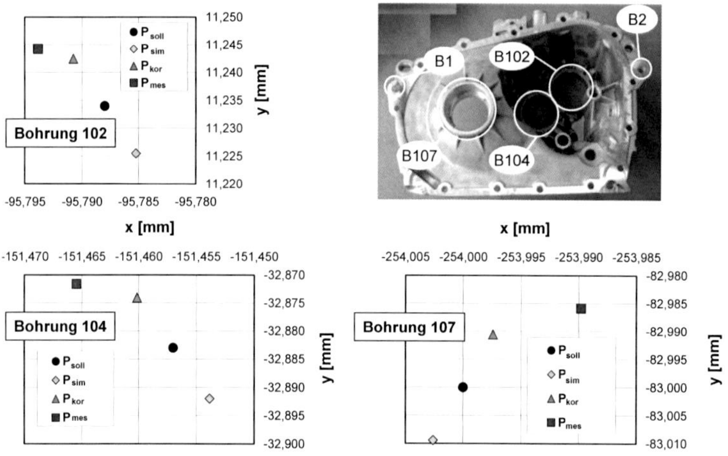

Bild 6.24: Grafische Darstellung des Vergleichs zwischen simulierten und gemessenen Positionen von B102, B104 und B107

Graphical representation of the comparison between simulated and measured position of holes # 3 to 16

Es zeigt sich, dass nach Anpassung der Ausgangsbedingungen für die Simulations- und die Bearbeitungsergebnisse, die Unterschiede zwischen Simulation und der

Bearbeitung deutlich kleiner sind als die fertigungsbedingten Arbeitsungenauigkeiten. Damit ist eine sehr gute Grundlage zum Optimieren des Maschineneinrichtens und der Bearbeitungsstrategien gelegt.

Weitere Verbesserungen könnten erreicht werden durch Minderung der Einflussgrößen aus dem Simulationsmodell, aber schwerpunktmäßig aus dem Fertigungssystem, der Maschine, der Technologie und dem Werkzeug. Zu Analysieren und Berücksichtigen sind insbesondere die geometrischen und kinematischen Eigenschaften der Maschine und ihr Temperaturgang. Nicht zu vernachlässigen ist die Spannsituation des Werkstücks. Hier ist ein Abgleich mit der Modellierung durchzuführen. Es wird empfohlen, während der Zerspanung, z.B. von B3 bis B16, thermische Verformungen direkt im Werkstück zu messen und diese Daten ebenfalls mit der FE-Simulation zu vergleichen.

7 Zusammenfassung und Ausblick

Summary and Outlook

Die Debatte um die CO_2-Reduktion hat die Automobilhersteller vor sehr große Herausforderungen gestellt. Typische Handlungsfelder, die unter anderem dadurch angestoßen wurden, sind kraftstoffsparende Technologien, neue Motoren und deren Steuerungen sowie der Leichtbau und der Einsatz entsprechender Werkstoffe zur Reduktion des Fahrzeuggewichts.

Darüber hinaus werden die Zerspanungsprozesse aus ökologischen und wirtschaftlichen Gründen vermehrt auf Trockenbearbeitung bzw. der Minimalmengenschmierung umgestellt. Diese Technologie stellt in vielen Fällen, wegen der thermoelastischen Verformung des Werkstücks, noch eine große Herausforderung dar. Geometrisch komplexe Werkstücke aus Leichtmetall wie Aluminium oder Magnesium sind mit hohen Anforderungen an die Lage- und Formtoleranzen ohne die Kühlwirkung der Kühlschmiermittel nur mit hohem Aufwand prozesssicher zu fertigen.

Im Rahmen dieser Arbeit konnte gezeigt werden, dass die thermoelastische Verformung von Werkstücken mit Hilfe der FE-Simulation bestimmt werden kann. Um dieses Ziel zu erreichen, wurde die Wirkung der Vielzahl von Einflussgrößen auf die Wärmeeinbringung untersucht und bewertet.

Um diese Einflussgrößenanalyse zu ermöglichen, wurden zunächst ein Testwerkstück und eine Untersuchungsmethodik entwickelt. Sie stellt die Grundlage dazu dar, dass künftig mit Hilfe solcher Einfachwerkstücke die Grundlagen, zur Simulation des thermoelastischen Verhaltens komplexer Werkstücke, geschaffen werden können.

Anhand dieses Werkstücks wurde die Wirkung der Einflussgrößen systematisch mit Hilfe der vollständigen statistischen Versuchsplanung (*DoE*) untersucht. Die Daten wurden mittels der Varianzanalyse (*ANOVA*) ausgewertet. Mit der Methode wurde gezielt der Einfluss, der beim Bohren im Wesentlichen relevanten Bearbeitungsparameter (v_c, f, d, l_b) auf die Wärmeerzeugung und -verteilung, dargestellt.

Es konnte gezeigt werden, dass die Zielgröße Wärmeeintrag überproportional mit der Bohrtiefe ansteigt. Der Wärmeeintrag kann durch die Steigerung der Schnittgeschwindigkeit und des Vorschubs reduziert werden. Durch die Erhöhung des Vorschubs bei konstanter Schnittgeschwindigkeit oder durch die Erhöhung der Schnittgeschwindigkeit bei konstantem Vorschub wird die Kontaktzeit reduziert. Der höhere Vorschub hat aber nur eine unterproportionale Steigerung des Drehmoments und damit der Wirkarbeit zur Folge, so dass der Wärmeeintrag insbesondere durch die Erhöhung des Vorschubs reduziert werden kann.

Darüber hinaus ist der Wärmeeintrag erwartungsgemäß werkstoffabhängig. Während bei der Bearbeitung von Stahl und Aluminium durchschnittlich 18% (Stahl) bzw. 20% (Aluminium) der erzeugten Wärme in das Werkstück fließen, ist dieser Anteil bei der

Zerspanung von Magnesium mit durchschnittlich 33% deutlich größer. Dies ist im Wesentlichen darauf zurück zu führen, dass es beim Trockenbohren von Magnesium zu Werkstoffverklebungen und Adhäsion kommt. Die starke Reibung durch Verklebung und Adhäsion von Spänen, im Zusammenspiel mit hohen Drehzahlen, sind verantwortlich für den höheren Anteil der Wärme, die in die Werkstücke fließt.

Wie stichprobenartige Versuche beim Zerspanen von Aluminium zeigten, hat der Werkzeugverschleiß eine um 28% höhere Wärmeerzeugung zur Folge. Der Anteil, der davon in das Werkstück fließt, ist ebenfalls größer. In diesem speziellen Fall fließen 37% der erzeugten Gesamtwärmemenge in das Werkstück, im Vergleich zu den 22% der zudem noch geringeren Wärmemenge, die mit neuwertigem Werkzeug generiert wird. Entsprechende Verhältnisse sind beim Zerspanen von Magnesium zu erwarten.

Aufbauend auf diesen Erkenntnissen wurde ein Versuchswerkstück und ein entsprechendes Simulationsmodell entwickelt, mit dem das aus dem Wärmeeintrag resultierende thermoelastische Verformungsverhalten bestimmt werden kann. Der Aufbau des FE-Modells wurde anhand verschiedener Parameter optimiert.

Damit wurden die Grundlagen der neuen Methode bereitgestellt, um auf der Basis einfacher Körper den Wärmeeintrag für spezielle Bearbeitungsaufgaben zu bestimmen. Dabei wird, im Vergleich mit anderen Arbeiten, nicht mehr auf Temperaturmessungen aufgebaut, die mit relativ großen Messunsicherheiten behaftet sind. Vielmehr wird der Wärmeeintrag indirekt über Verformungsmessungen bestimmt, die mit hoher Genauigkeit realisiert werden können.

Dieses Verhalten wird mit einem FE-Modell simuliert mit dem Ziel zu prüfen, ob die Messergebnisse durch FE-Modelle nachgebildet werden können. Bei Übereinstimmung von Versuchsergebnis und Simulationsergebnis ist die Übertragbarkeit der Ergebnisse zulässig. Also kann der versuchstechnisch bestimmte Wärmeeintrag, für einen spezifischen Bearbeitungsprozess, auf beliebige Werkstückgeometrien übertragen werden.

Durch systematische Untersuchungen der Modellparameter konnte die Methode verfeinert werden. Insbesondere wurden die thermischen Größen Konvektion und Zeitverhalten des Temperaturverlaufs optimiert. Letzteres wurde über ein PT_1T_t-Verzögerungsglied beschrieben. Diese Optimierung ist immer prozessbezogen durchzuführen. Mit diesem Modell konnten die Versuchsergebnisse mit hoher Genauigkeit nachgebildet werden. Damit wurden die Voraussetzungen dazu geschaffen, das thermoelastische Verformungsverhalten eines realen Werkstücks rechnerisch zu bestimmen.

Die Übertragbarkeit der Versuchs- und Modellergebnisse auf beliebige Werkstücke, an denen die beschriebenen Prozesse zu realisieren sind, wurde anhand eines Getriebegehäuses aus Magnesium AZ91 überprüft. Es wurden mehrere Werkstücke bearbeitet und umfangreiche Versuche mit integrierter Temperaturmessung an den

Werkstücken durchgeführt. Dabei konnte gezeigt werden, dass die Bohroperationen im Hinblick auf den Wärmeeintrag als besonders kritisch anzusehen sind.

Zum Aufbau des FE-Modells wurden zunächst die Spannsituation und die damit zu definierenden Randbedingungen analysiert. Die anschließende Simulation der Bohrbearbeitung des Werkstücks zeigte, dass hierbei nicht unerhebliche thermoelastische Verformungen auftreten. Diese sind auf die inhomogene Temperaturverteilung am Werkstück zurück zu führen.

Insbesondere durch die Anwendung der erarbeiteten Methode an einem realen Werkstück konnte deren Praxisrelevanz nachgewiesen werden. Damit steht ein Verfahren zur Verfügung, mit dem bereits in der Konstruktionsphase das thermoelastische Verhalten von Bauteilen bestimmt und somit optimiert werden kann. Als Optimierungsgrößen sind beispielsweise die Bauteilgeometrie, Wandstärken und Rippen, die Spannsituation aber auch die Folge der Bearbeitungsoperationen zu nennen. Um die Besonderheiten des Wärmeeintrags durch unterschiedliche Fertigungsverfahren abzudecken, könnte eine Datenbank aufgebaut werden, in der die Kennwerte spezifischer Prozesse hinterlegt sind, die mit Hilfe von einfachen Versuchswerkstücken ermittelt wurden.

Summary and Outlook

The subject of CO_2 reduction confronts the carmakers with a unique challenge. The typical fields of action are fuel-efficient technologies, new engines and their control systems, as well as the usage of particular materials in order to reduce the weight of the vehicle.

Furthermore these machining processes have shifted to dry machining or minimum quantity lubrication, because of economic and environmental reasons. These technologies pose a large challenge due to the thermal elastic deformation of the workpieces. To produce geometrically complex workpieces made of aluminum or magnesium with a high process capability, it is necessary to place an immense effort, in order to meet the high restrictions on position and form.

With this paper it was possible to show that the thermal elastic deformation of workpieces can be determined with the help of the FE simulation. To achieve this target, a large investigation and evaluation of the multiplicity of influencing parameters on the heat contribution has been done.

To enable the analysis of the influencing parameters, a test workpiece and an investigation method have been developed. Using fundamental knowledge, in the future it will be possible to create a simulation of thermal elastic deformation for more complex workpieces.

The effect of the influencing parameters on the simple workpiece was systematically checked using design of experiments (DoE). The data was evaluated using analysis of variance (ANOVA).This Method enables to display the influence of the relevant machining parameters (v_c, f, d, l_b) for heat production and the distribution that appears during drilling.

It could be demonstrated that the command variable heat introduction increases disproportionately to the drilling depth. The heat introduction can be reduced through the increase of cutting speed and feed rate. The contact time is reduced through the increase of the feed rate with constant cutting speed or the increase of cutting speed with constant feed rate. The increased feed rate only has a sub proportional raise of torque, thus the active energy results. That is why the reduction of heat introduction is especially achieved by the increase of the feed rate.

Furthermore, just as expected, the heat introduction is depending on the workpiece material. During the machining, an average amount of introduced heat flows into the workpiece: 18% for steel and 20% for aluminum. For magnesium, the amount of introduced heat while drilling is approx. 33%, which is clearly higher. This can be explained with the effect of adhesion and bonding of the chips during dry drilling of magnesium. The high friction after the adhesion of the chips, together with the high rotary speed, is responsible for the high quantity of heat that flows into the workpiece.

As some short try-outs at drilling of aluminum have shown, the tool wear had caused an increase in heat production of 28%. The part of the heat, which flows into the workpiece, has also increased. In this special case 37% of the total produced amount of heat flows into the workpiece, compared to the small amount of heat (22%), which was generated with new wearless tools.

Having this knowledge, a trial workpiece and a correspondent simulation model were developed; these can be used to investigate the thermal deviation behavior that results in heat introduction. The modeling of the FE simulation was optimized based on various parameters.

Herewith the fundamentals for the new method were given, in order to determine the heat introduction of special machining tasks based on a simple workpiece. In comparison to other papers, the basis is not the measurement of temperature anymore, which is related to relative big measurement errors. The heat introduction is rather determined indirectly over the measurement of deformation, which can be realized with high accuracy.

This behavior is simulated with a FE-model, with the target to prove that the measurement results can be recreated with a FE-model. The transferability is approvable with the accordance of the experimental results and the simulation results. With that, the experimentally detected heat introduction of a specific machining process can be transferred to any other workpiece geometry.

Through the systematical investigations of the model parameter, the method was optimized. In particular the thermal factor convection and time behavior of the temperature trend was optimized. The last one was described with a PT_1T_t delay element. This optimization has always to be carried out process related. With this model it was possible to recreate the experimental results with a high accuracy. Herewith the premise was made, to determine the terminal elastic deformation behavior of a real workpiece by calculation.

The transferability of the experimental and model results of any workpiece, on which the described processes are feasible to realize, were proved with a gearbox made out of magnesium AZ91. Several workpieces were machined. They were used to carry out extensive experiments with integrated temperature measurements. Herewith it was shown that the drilling operation in terms of heat introduction is especially critical.

To create the FE-model, a clamping situation was analyzed, also the boundary conditions were defined. The following simulation of the drilling operation of the workpiece showed that the thermal elastic deformations, which occur, are significant. These attribute to the inhomogeneous temperature distribution in the workpiece.

Especially through the appliance of the worked out method on a real workpiece, the practical relevance was proven. Hereby, there is a process available, which can be used to detect and also optimize the thermal elastic behavior of workpieces already in the phase of design. The optimizing parameters are for example the workpiece geometry, thickness and ribs, the clamping situation, but also the sequence of the machining operations. To cover the particularities of heat introduction of different machining processes, it could be helpful to create a database, in which the key values of the specific processes that were detected in simply shaped experimental workpieces are deposited.

8 Literatur

[ABEL07]	Abele, E.; Kreis, M.; Weigold, M.	Mit Leichtigkeit zu höherer Leistung. Trendbericht: Stand der Zerspanungstechnik im Leichtbau. In: WB Werkstatt und Betrieb. Nr. 140, H. 7/8, 2007, S. 66-72
[AGAP90]	Agapiou, J. S.; DeVries, M. F.	On the determination of thermal phenomena during drilling - Part I. Analytical models of twist drill temperature distributions. In: International Journal of Machine Tools and Manufacture. Vol. 30, Nr. 2, 1990, S. 203-215
[ANAG02]	Anagonye, A.; Stephenson, D. A.	Modeling cutting temperatures for turning inserts with various tool geometries and materials. In: Journal of Manufacturing Science and Engineering - Transactions of the ASME. Nr. 124, 08.2002, S. 544-552
[ANSY04]	N.N.	ANSYS Release 9.0 Documentation - Coupled-Field Analysis Guide. 2004.
[AURI14]	Aurich, J.C.; Zimmermann, M.; Schindler, S.; Steinmann, P.	Analysis of the machining accuracy when dry turning via experiments and finite element simulations. In: Production Engineering. Research and Development. Vol. 8, 2014, S. 41-45.
[BÄHR96]	Bähre, D.; Plapper, V.	Thermoelastische Werkstückverformung beim Trockendrehen kompensieren. In: Maschinenmarkt, Würzburg. Nr. 102, H. 15, 1996, S. 40-45
[BART11]	Barthelmä, F.; Aschenbach, B.	Mechatronisches Werkzeug mit integrierter MMS senkt Kosten. In: MM-Maschinenmarkt, Nr. 29/30, 2011, S. 116-119
[BATT01]	Battaglia, J. L.; Cois, O.; Puigsegur, L.; Oustaloup, A.	Solving an inverse heat conduction problem using a non-integer identified model. In: International Journal of Heat and Mass Transfer. Vol. 44, Nr. 14, 07.2001, S. 2671-2680
[BERA89]	Ber, A.; Goldblatt, M.	The influence of temperature gradient on cutting tool's life. In: Annals of the CIRP. 1989, Vol. 38/1, S. 69-73
[BIER07]	Biermann, D.; Hammer, N.; Pantke, K.	Wenn Zerspanen zur thermischen Belastung wird. In: WB Werkstatt und Betrieb. H. 7/8, 2007, S. 73-75
[BIER09]	Biermann, D.; Heilmann, M.	Gekühlt zu höherer Güte. In: WB Werkstatt und Betrieb. H. 7/8, 2009, S. 36-39

[BIER12a]	Biermann, D.; Iovkov, I.; Blum, H.; Rademacher, A.; Taebi, K.; Suttmeier, F.-T.; Klein, N.	Wendeltiefbohren mit Minimalmengenschmierung - Experimentelle Analyse und FE-Simulation der thermischen Werkstückbelastung. In: VDI-Z Integrierte Produktion, Nr. 154, H. 4, 2012, S. 62-65
[BIER12b]	Biermann, D.; Iovkov, I.	Wendeltiefbohren mit Minimalmengenschmierung. In: wt Werkstattstechnik online, Nr. 102, H. 5, 2012, S. 324-328
[BIER13a]	Biermann, D.; Iovkov, I.	Wärmeeintrag beim Wendeltiefbohren mit Minimalmengenschmierung. In: Ingenieurspiegel, Nr. 3, 2013, S. 20-22
[BIER13b]	Biermann, D.; Iovkov, I.	Modeling and simulation of heat input in deep-hole drilling with twist drills and MQL. In: Proceedings of 14th CIRP Conference on Modeling of Machining Operations. Torino, Italy. 13-14th June 2013. S. 88-93
[BIMS94]	Bimschas, K.	Verbesserung der Werkstückqualität durch Simulation des Bearbeitungsprozesses. Diss. TH Darmstadt, 1994
[BONS99]	Bonse, R.	Thermisches Last-Verformungsverhalten von Werkzeugmaschinen. Diss. RWTH Aachen, 1999
[BREC04]	Brecher, C.; Hirsch, P.	Compensation of thermo-elastic machine tool deformation based on control internal data. In: Annals of the CIRP. 2004, Vol. 53/1, S. 299-304
[BREC05]	Brecher, C.; Klocke, F.; Queins, M.; Witt, S.; Lung, D.; Willms, H.; Broichhausen, K.-D.; Flegel, H.; Fleischer, J.; Friedrich, D.; Herrscher, A.; Wagner, P.; Marczinski, G.; Raedt, H.-W.; Steffens, K.;	Integrierte Simulation von Prozess, Werkstück und Maschine. In: Tagungsband zum Aachener Werkzeugmaschinen-Kolloquium '05. Aachen, Juni 2005. Aachen: Shaker Verlag, 2005, S. 307-350
[BREC09a]	Brecher, C.; Wissmann, A.	Optimierung des thermischen Verhaltens von Fräsmaschinen. In: ZWF Zeitschrift für wirtschaftlichen Fabrikbetrieb. Nr. 104, H. 6. 2009, S.437-441
[BREC09b]	Brecher, C.; Esser, M.; Witt, S.	Interaction of manufacturing process and machine tool. In: Annals of the CIRP. 2009, Vol. 58/2, S. 588-607

[BREC12] Brecher, C.; Flore, J.; Klatte, M.; Merz, A.; Wenzel, C. Machine integrated, direct measuring devices for the compensation of thermal deformation. In: Proceedings of the 12th euspen International Conference, Stockholm, June 2012, Vol. 1, S. 376-379

[BUSS91] Bußmann, W. Formfehleranalyse beim Planfräsen gehärteter Bauteile. Diss. Universität Hannover, 1991

[CALL97] Callister, W. D. Material Science and Engineering: an Introduction. 4th ed. New York: John Wiley & Sons, 1997, Appendix C

[CHAN99] Chantasiriwan, S. Comparison of three sequential function specification algorithms for the inverse heat conduction problem. In: International Communications in Heat and Mass Transfer. Vol. 26, Nr. 1, 01.1999, S. 115-124

[CHAO58] Chao, B. T.; Trigger, K. J. Temperature distribution at tool-chip and tool-work interface in metal cutting. In: Transactions of the ASME. 02.1958, Nr. 80, S. 311-320

[CHEN97] Chen, W. C.; Tsao, C. C.; Liang, P. W. Determination of temperature distributions on the rake face of cutting tools using a remote method. In: International Communications in Heat and Mass Transfer. Vol. 24, Nr. 2, 03.1997, S. 161-170

[CHEN01] Chen, H. T.; Ling, S. Y.; Fang, L. C. Estimation of surface Temperature in two-dimensional inverse heat conduction problems. In: International Journal of Heat and Mass Transfer. Vol. 44, Nr. 8, 04.2001, S. 1455-1463

[CHEN03] Chen, M.; Sun, F.; Wang, H.; Yuan, R.; Qu, Z.; Zhang, S. Experimental research on the dynamic characteristics of the cutting temperature in the process of high-speed milling. In: Journal of Materials Processing Technology. Vol. 138, 07.2003, S. 468-471

[DAVI03] Davies, M. A.; Cao, Q.; Cooke, A. L.; Ivester, R. On the measurement and prediction of temperature fields in machining AISI 1045 steel. In: Annals of the CIRP. 2003, Vol. 52/1, S. 511-538

[DAVI14] Davis, Stacy C.; Diegel, Susan W.; Boundy, Robert G.; Moore, Sheila 2013 Vehicle Technologies Market Report. Oak Ridge National Laboratory. 03.2014. URL: http://cta.ornl.gov/vtmarketreport [Stand 15.03.2015]

[DENK09] Denkena, B.; De Leon, L.; Otte, M. Modellbasierte Nachbildung erlaubt schärfere Analysen. In: WB Werkstatt und Betrieb. H. 9, 2009, S. 78-82

[DENK10] Denkena, B. ; Schmidt, C.; Krüger, M. Experimental investigation and modeling of thermal and mechanical influences on shape deviations in machining structural parts. In: International Journal of Machine Tools and Manufacture. Vol. 50, Nr. 11, 2010, S. 1015-1021.

[DENK13] Denkena, B.; Schmidt, A.; Henjes, J.; Niederwestberg, D.; Niebuhr, C. Modeling a thermomechanical NC-simulation. In: Proceedings of 14th CIRP Conference on Modeling of Machining Operations. Torino, Italy. 13-14th June 2013. S. 69-74

[DESS04] Dessoly, V.; Melkote, S. N.; Lescalier, C. Modeling and verification of cutting tool temperatures in rotary tool turning of hardened steel. In: International Journal of Machine Tools and Manufacture. Vol. 44, Nr. 14, 11.2004, S. 1463-1470

[DEVR68] DeVries, M. F. ; Saxena, U. K. ; Wu, S. M. Temperature distributions in Drilling. In: Journal of Engineering for Industry - Transactions of the ASME. Vol. 90, Nr. 2, 05.1968, S. 231-238

[DOLL01] Dollmeier, R. Modellierung der Werkstückgeometrie bei der Hartbearbeitung durch Drehen. Diss. Universität Kaiserslautern, 2001

[DÜRR07] Dürr, H.; Hanke, M. Trockenbearbeitung von Aluminiumzylinderköpfen in der Großserie. In: ZWF Zeitschrift für wirtschaftlichen Fabrikbetrieb. Nr. 102, H. 7/8. 2007, S.442-445

[DYCK07] Dyck, Martin Beitrag zur Analyse thermisch bedingter Werkstückdeformationen in Trockenbearbeitungsprozessen. Diss. Universität Karlsruhe, 2007

[EDLE99] Edler, F. Messumformer, Sensoren: Temperatur. In: Gevatter, H. J. (Hrsg.): Handbuch der Mess- und Automatisierungstechnik. Berlin: Springer, 1999, S. 205-233

[EISE00] Eisenblätter, G. Trockenbohren mit Vollhartmetallwerkzeugen. Diss. RWTH Aachen, 2000

[EUN99] Eun, I. Optimierung des thermischen Verhaltens von elektrischen Linearmotoren für den Einsatz in Werkzeugmaschinen. Diss. RWTH Aachen, 1999

[FLEI05] Fleicher, J.; Schmidt, J.; Schmidt, C.; Schermann, T. Zerspanungssimulation optimiert Produktions-abläufe. In: VDI-Z Integrierte Produktion Special, H. II Werkzeuge, 2005, S. 63-65

[FRIE08] Friedrich, H. E.; Treffinger, P.; Kopp, G.; Knäbel, H. Werkstoffe und Bauweisen ermöglichen neue Fahrzeugkonzepte. In: Schindler, V. (Hrsg.): Forschung für das Auto von Morgen. Berlin: Springer, 2008, S. 301-347

[GROS12a] Großmann, K. Thermo-Energetische Gestaltung von Werkzeugmaschinen. In: ZWF Zeitschrift für wirtschaftlichen Fabrikbetrieb. Nr. 107, H. 5. 2012, S.307-314

[GROS12b] Großmann, K. Energieeffizient zerspanen. In: Maschine+Werkzeug. Nr. 113, H. 4. 2012, S.78-79

[GROT01] Groth, C.; Müller, G. FEM für Praktiker – Band 3: Temperaturfelder. 4. Aufl. Renningen: expert Verlag, 2001

[GRÜN08] Grünert, S.; Biermann, D.; Weinert, K. FEM-Analyse der Bauteilbeeinflussung durch spanende Bearbeitung. In: Integration von Umformen, Trennen und Fügen für die flexible Fertigung von leichten Tragwerkstrukturen : Zwischenbericht Phase 2. Düsseldorf: VDI-Verlag, Band 668, 2008, ISBN 978-3-18-3668, S. 221-238

[GRZE03] Grzesik, W.; Nieslony, P. A computational approach to evaluate temperature and heat partition in machining with multilayer coated tools. In: International Journal of Machine Tools and Manufacture. Vol. 43, Nr. 13, 10.2003, S. 1311-1317

[GRZE04] Grzesik, W.; Bartoszuk, M.; Nieslony, P. Finite difference analysis of the thermal behaviour of coated tools in orthogonal cutting of steels. In: International Journal of Machine Tools and Manufacture. Vol. 44, Nr. 14, 11.2004, S. 1451-1462

[HEIS11] Heisel, U.; Storchak, M.; Stehle, T. Prozess-Maschine-Kopplungsmodell für das Zerspanen. In: wt Werkstattstechnik online. Nr. 101, H. 1/2, 2011, S. 2-10

[HEMM79]	Hemminger, W.; Höhne, G.	Grundlagen der Kalorimetrie. Weinheim: Verlag Chemie, 1979
[HERB02]	Herbst, U.	Analyse und Kompensation thermoelastischer Verlagerungen. Diss. RWTH Aachen, 2002
[HOLM90]	Holman, J. P.	Heat Transfer. 7th ed. New York: McGraw-Hill, 1990, S. 13
[HOPP03]	Hoppe, S.	Experimental and numerical analysis of chip formation in metal cutting. Diss. RWTH Aachen, 2003
[HUAG03]	Huang, Y.; Liang S. Y.	Modelling of the cutting temperature distribution under the tool flank wear effect. In: Proceedings of the Institution of Mechanical Engineers Part C, Journal of mechanical engineering science. Vol. 217, 2003, S. 1195-1208
[HUAN99]	Huang, C. H.; Wang, S. P.	A three-dimensional inverse heat conduction problem in estimating surface heat flux by conjugate gradient method. In: International Journal of Heat and Mass Transfer. Vol. 42, Nr. 18, 09.2001, S. 3387-3403
[HUEB75]	Huebner, K. H.	The finite element method for engineers. New York: John Wiley & Sons, 1975
[ICHI71]	Ichimiya, R.; Kawahara, H.	Investigation of thermal expansion in machining operations. In: Bulletin of the JSME. Vol. 14, Nr. 78, 1971, S. 1363-1371
[ICHI74]	Ichimiya, R.; Usuzaka, Y.	Analysis of thermal expansion in face-cutting operations. In: Journal of Engineering for Industry – Transactions of the ASME. Nr. 96, 1974, S. 1222-1229
[JEHN95]	Jehnmig, L.	Inverse estimation of the tool-work interface temperature in end milling. In: International Journal of Machine Tools and Manufacture. Vol. 35, Nr. 5, 05.1995, S. 751-760
[KAKA93]	Kakade, N. N.; Chow, J. G.	Finite element analysis of engine bore distortions during boring operation. In: Journal of Engineering for Industry – Transactions of the ASME. Vol. 115, 1993, S. 379-384

[KAMM00]	Kammer, C.; von Buch, F.; Riehemann, W.	Eigenschaften von Magnesiumlegierung und deren Beeinflussung. In: Magnesium Taschenbuch. 1. Aufl. Düsseldorf: Aluminium-Verlag, 2000. S. 193-284
[KASS82]	Kaßbaum, D.; Löffler, N.	Temperaturermittlung und Verschleißcharakteri-sierung spezieller Hartmetallwerkzeuge beim nicht unterbrochen Schnitt. Diss. TU Dresden, 1982
[KENN11]	Kennametal Technologies GmbH	Der MMS-Standart. In: WB Werkstatt und Betrieb. H. 9, 2011, S. 162-163
[KERS83]	Kersten, Albrecht	Geometrisches Verhalten von Werkzeugmaschinen unter statischer und thermischer Last. Diss. RWTH Aachen, 1983
[KERS12]	Kersting, P.; Biermann, D.	Modeling techniques for the prediction of workpiece deflections in NC milling. In: Proceedings of 1st CIRP Global Web Conference - Interdisciplinary Research in Production Engineering. 12-13th June 2012. S. 83-86
[KERS14]	Kersting, P.; Biermann, D.	Modeling techniques for simulating workpiece deflections in NC milling. In: CIRP Journal of Manufacturing Science and Technology, 2014, Vol. 7/1, S. 48-54,
[KLOC96]	Klocke, F.; Lung, D.; Gerschwiler, K.; Bartl, R.; Zeller, R.; Cselle, T.; Kluth, R.; Mang, T.; Rust, H.; Schulz, A.; Westkämper, E.; Yegenoglu, K.; Bey, I.;	Saubere Fertigungstechnologien – Ein Wettbewerbsvorteil von morgen?. In: Tagungsband zum Aachener Werkzeug-maschinen-Kolloquium '96. Aachen, Juni 1996. Düsseldorf: VDI-Verlag, 1996, S. 4.35-4.107
[KLOC02]	Klocke, F.; Lung, D.; Friedrich, D.; Kopp, R.; Gottschalk, C.; Löhe, D.; Markworth, L.; Hadelnwanger, H.-C.; Ostertag, A.; Raedt, H.-W.; Steffens, K.; Wunsch, U.; Zeller, P.	Simulation von Fertigungsprozessen – Möglichkeiten und Grenzen der Bauteilauslegung. In: Tagungsband zum Aachener Werkzeugmaschinen-Kolloquium '02. Aachen, Juni 2002. Aachen: Shaker, 2002, S. 217-267
[KLOC04a]	Klocke, F.; Zeppenfeld, C.; Hoppe, S.	Modellieren von Fertigungsprozessen. In: Technologische Probleme bei der Projektierung von Fertgungsprozessen – Konferenz Einzelbericht Sopot, 18.-19. Mai 2004, ISBN 83-88579-85-1, S. 61 – 73

[KLOC04b]	Klocke, F.; Hoppe, S.; Fritsch, R.	FE-modeling of burr formation in orthogonal cutting. In: Proceedings of the 7th International Conference Deburring and Surface Finishing 2004, Hrsg.: Dornfeld, David, Eigendruck Laboratory for Manufactruing & Automation University of California/Berkeley 2004, S.47-55
[KLOC13]	Klocke, F.,Lung, D.,Puls, H.:	FEM-Modelling of the thermal workpiece deformation in dry turning. In: Proceedings of 14th CIRP Conference on Modeling of Machining Operations. Torino, Italy. 13-14th June 2013. S. 240-245
[KÖNI93]	König, W.; Lung, D.; Gerschwiler, K.; Osterhaus, G.; Adlhoch, H.-J.; Brandstätter, W.; Bruch, J.; Johannsen, P.; Kempf, W.; Mang, T.; Rummenhöller, S.; Szelag, G.; Yegenoglu, K.	Kühlschmierstoff – Eine ökologische Herausforderung an die Fertigungstechnik. In: Tagungsband zum Aachener Werkzeugmaschinen-Kolloquium ’93. Aachen, Juni 1993. Düsseldorf: VDI-Verlag, 1993, S. 5.3-5.48
[KÖNI97]	König, W.; Klocke, F.	Drehen, Fräsen, Bohren (Reihe Fertigungsverfahren, Bd. 1). 6. Aufl. Berlin: Springer, 1997
[KÖNI08]	König, W.; Klocke, F.	Drehen, Fräsen, Bohren (Reihe Fertigungsverfahren, Bd. 1). 8. Aufl. Berlin: Springer, 2008
[KOPS99]	Kops, L.; Arenson, M.	Determination of convective cooling conditions in turning. In: Annals of the CIRP. 1999, Vol. 48/1, S. 47-52
[KRON66]	Kronenberg, M.	Machining science and application. Theory and practice for operation and development of machining processes. Oxford: Pergamon Press, 1966
[LANG06]	Langeheinecke, K.; Jany, P.; Thieleke, G.	Thermodynamik für Ingenieure. 6. Aufl. Wiesbaden: Viewegs Fachbücher der Technik, 2006, S. 243-247
[LAZO02]	Lazoglu,I.; Altintas, Y.	Prediction of tool and chip temperature in continuous and interrupted machining. In: International Journal of Machine Tools and Manufacture. Vol. 42, Nr. 9, 07.2002, S. 1011-1022

[LENI01] Le Niliot, C. ; Lefèvre, F. A method for multiple steady line heat sources identification in a diffusive system: application to an experimental 2D problem. In: International Journal of Heat and Mass Transfer. Vol. 44, Nr. 7, 04.2001, S. 1425-1438

[LOEW54] Loewen, E. G.; Shaw, M. C. On the Analysis of Cutting-Tool Temperatures. In: Transactions of the ASME. 02.1954, Nr. 76, S. 217-231

[LÖHE12] Löhe, J.; Zäh, M. F.; Rösch, O. In-process deformation measurement of thin-walled workpieces. In: Proceedings of 5th CIRP Conference on High Performance Cutting 2012. Zurich, Switzerland, 4-7th June 2012. S. 546-551

[MAEK96a] Maekawa, K.; Nakano, Y.; Kitagawa, T. Finite element analysis of thermal behaviour in metal machining (1st report, influence of thermophysical properties on cutting temperature). In: JSME International Journal, Series C (Dynamics, Control, Robotics, Design and Manufacturing). 1996, Vol. 39, Nr. 4, S. 857-863

[MAEK96b] Maekawa, K.; Nakano, Y.; Kitagawa, T. Finite element analysis of thermal behaviour in metal machining (2nd report, determination of energy balance and its application to three-dimensional analysis) In: JSME International Journal, Series C (Dynamics, Control, Robotics, Design and Manufacturing). 1996, Vol. 39, Nr. 4, S. 864-870

[MALY03] Maly, W. Analyse des Verformungsverhaltens zwischen Vorrichtung und Werkstück aufgrund thermischer Beeinflussung der Trockenbearbeitung. Studienarbeit. Betreuer S. Macedo. RWTH Aachen, 2003

[MARP00] Marpert, M.; Weck, M. Einfluss des Kühlschmierstoffsystems auf die Gestaltung von Werkzeugmaschinen zur Magnesiumbearbeitung. In: Tagungsband zum 8. Magnesium Abnehmerseminar. Aalen, 14.-15. Juni 2000

[MERC45a] Merchant, E. Mechanics of the Metal Cutting Process. I. Orthogonal Cutting and a Type 2 Chip. In: Journal of Applied Physics. Vol. 16, Nr. 5, 05.1945, S. 267-275

[MERC45b] Merchant, E. Mechanics of the Metal Cutting Process. II. Plasticity Conditions in Orthogonal Cutting. In: Journal of Applied Physics. Vol. 16, Nr. 6, 06.1945, S. 318-324

[MONT05] Montgomery, D. C. Design and Analysis of Experiments. 6th ed. New York: John Wiley & Sons, 2005

[NGUY99] Nguyen, K. T.; Prystay, M. An inverse method for estimation of the initial temperature profile and its evolution in polymer processing. In: International Journal of Heat and Mass Transfer. Vol. 42, Nr. 11, 06.1999, S. 1969-1978

[NICO80] Nicolai, M.; Hegler, R. Werkstücktemperatureinflüsse beim Drehen. In: VDI-Z 122, 1980, Nr. 6, S. 225-228

[OSTA85] Ostafiev, V. A.; Noshchenko, A. N. Numerical analysis of three-dimensional heat exchange in oblique cutting. In: Annals of the CIRP. 1985, Vol. 34/1, S. 137-140

[OSTA99] Ostafiev, V.; Kharkevich, A.; Weinert, K.; Ostafiev, S. Tool heat transfer in orthogonal metal cutting. In: Journal of Manufacturing Science and Engineering – Transactions of the ASME. Nr. 121, 11.1999, S. 541-549

[PABS08] Pabst, Rüdiger Mathematische Modellierung der Wärmestromdichte zur Simulation des thermischen Bauteilverhaltens bei der Trockenbearbeitung. Diss. Universität Karlsruhe, 2008

[PETU02] Petuelli, G. Simulation des Kühlschmierstoffkreislaufs zur Optimierung einer umwelt- und ressourcenschonenden Produktionstechnik. Forschungsbericht, DBU Fz. 13581, Schriftenreihe des Wrangell-Instituts für Umweltgerechte Produktionstechnik (WIUP), Bd. 8, 2002, Shaker Verlag, ISBN 3-8322-0120-3.

[RAME99] Ramesh, M.V.; Seetharamu, K. N.; Ganesan, N.; Kuppuswamy, G. Finite element modelling of heat transfer analysis in machining of isotropic materials. In: International Journal of Heat and Mass Transfer. Vol. 42, Nr. 9, 05.1999, S. 1569-1583

[RUF10] N.N. RUF GmbH & Co. KG: Brikettieren von Aluminiun. URL: http://www.brikettieren.de/download.php [Stand 2010]

[SAXE71] Saxena, U. K. ; DeVries, M. F. ; Wu, S. M. Drill Temperature distributions by numerical solutions. In: Journal of Engineering for Industry – Transactions of the ASME. Vol. 93, 11.1971, S. 1057-1065

[SCHÄ94] Schäfer, W. Steuerungstechnische Korrektur thermoelastischer Verformungen an Werkzeugmaschinen. Diss. RWTH Aachen, 1994

[SCHM49] Schmidt, A. O.; Roubik, J. R. Distribution of heat generation in drilling. In: Transactions of the ASME. 04.1949, Nr. 71, S. 245-252

[SCHM99] Schmidt, J. Mechanische und thermische Wirkung beim Drehen gehärteter Stähle. Diss. Universität Hannover, 1999

[SCHM05] Schmidt,J.; Fleischer, J.; Pabst, R. Wärmeeintrag bei der Trockenbearbeitung. In: WB Werkstatt und Betrieb. H. 6, 2005, S. 43-46

[SFB96] N.N. Sonderforschungsbereich Transregio 96. Thermo-energetische Gestaltung von Werkzeugmaschine. URL: http://transregio96.de/

[SIEG10] Siegl, A. Der FWS unterstützt Großserienzerspanung und Minimalmengenschmierung. In: DIN Mitteilungen. Okt. 2010, S. 17-21

[SMIT81] Smith, A. J. R.; Armarego, E. J. A. Temperature prediction in orthogonal cutting with a finite difference approach. In: Annals of the CIRP. 1981, Vol. 30/1, S. 9-13

[SÖLT12] Sölter, J.; Gulpak, M.; Brinksmeier, E. Modellentwicklung zur Minimierung von Geometrieabweichungen in der Trockenbearbeitung. In: ZWF Zeitschrift für wirtschaftlichen Fabrikbetrieb. Nr. 107,H. 4, 2012, S. 224-228

[SPP1480] N.N. Schwerpunktprogramm 1480 - Modellierung, Simulation und Kompensation von thermischen Bearbeitungseinflüssen für komplexe Zerspanprozesse. URL: http://www.cutsim.de/

[STAU06] Stauber, R. Werkstoffe im Automobilbau - Anforderungen und Trends. In: Cluster „Neue Werkstoffe" in Bayern. München-Perlach, 26. Oktober 2006

[STEP91a] Stephenson, D. A. Assessment of steady-state metal cutting temperature models based on simultaneous infrared and thermocouple data. In: Journal of Engineering for Industry - Transactions of the ASME. Vol. 113, 05.1991, S. 121-128

[STEP91b] Stephenson, D. A. An inverse method for investigating deformation zone temperatures in metal cutting. In: Journal of Engineering for Industry - Transactions of the ASME. Vol. 113, 05.1991, S. 129-136

[STEP95] Stephenson, D. A.; Barone, M. R.; Dargush, G. F. Thermal expansion of the workpiece in turning. In: Journal of Engineering for Industry - Transactions of the ASME. Vol. 117, 11.1995, S. 542-550

[STEP96] Stephenson, D. A.; Agapiou, J. S. Metal Cutting Theory and Practice. New York: Marcel Dekker, 1996

[SUBR91] Subramani, G.; Whitmore, M.C.; Kapoor, S. G.; DeVor, R. E. Temperature distribution in a hollow cylindrical workpiece during machining: Theoretical model and experimental results. In: Journal of Engineering for Industry - Transactions of the ASME. Vol. 113, 1991, S. 373-380

[SUBR93] Subramani, G.; Kapoor, S. G.; DeVor, R. E. A model for the prediction of bore cylindricity during machining. In: Journal of Engineering for Industry - Transactions of the ASME. Vol. 115, 1993, S. 15-22

[SUKA03] Sukaylo, V. Numerische Simulation der thermisch bedingten Werkstückabweichungen beim Drehen mit unterschiedlichen Kühlschmiermethoden. Diss. Universität Magdeburg, 2003

[TAKE76] Takeuti, Y.; Zaima, S.; Noda, N. Theoretical thermoelastic consideration on accuracy in machining metals. In: Journal of Engineering for Industry - Transactions of the ASME. Vol. 98, 1976, S. 1368-1370

[TALE99] Taler, J.; Zima, W. Solution of inverse heat conduction problems using control volume approach. In: International Journal of Heat and Mass Transfer. Vol. 42, Nr. 6, 03.1999, S. 1123-1140

[TAYL07] Taylor, W. F.; Wallichs, A. Dreharbeit und Werkzeugstähle. Berlin: Verlag von Julius Springer, 1907

[TEST06] N.N. Testo AG. URL: http://www.testo.de [Stand: 23.05.2006]

[THER06] N.N. Thermocoax GmbH: Which thermocouple to choose? URL: http://www.thermocoax.de oder http://www.thermocoax.fr/9_Temperature_sensors/E193-0_Which_TC_to_choose_1page.pdf [Stand: 24.05.2006]. Firmenschrift

[UHLM09] Uhlmann, E.; Mattes, A.; Graf von der Schulenburg, M.; Zettier, R.; Mense, C. Simulation der Spannbildung und deren Wechselwirkung mit der Maschinenstruktur bei der Hochgeschwindigkeitsbearbeitung. In: Effiziente Methodik und durchgängige Werkzeuge zur Modellerstellung digitaler Produktions-einrichtungen. Düsseldorf: VDI-Verlag, 2009, H. 671, S. 81-90

[VALC81] Valchářová, J. Application of finite element method to heat and mass transfer. Monographie National Research Institute for Machine Design Běchovice, Prag. 1981

[VIER53] Vieregge, G. Die Energieverteilung und die Temperatur bei der Zerspanung. In: Werkstatt und Betriebe. Nr. 86, H. 11, 1953, S. 691-703

[VIER70] Vieregge, G. Zerspanung der Eisenwerkstoffe. 2. Aufl. Düsseldorf: Verlag Stahleisen, 1970

[VKIS13] N.N. Stoffliste für Kühlschmierstoffe nach DIN 51385 für die Metallbearbeitung. VKIS - VSI - IGM. 2013

[WARN00] Warnecke, G.; Dollmeier, R. Drehbearbeitung harter Werkstoffe. In: wt Werkstattstechnik. Nr. 90, H. 4, 2000, S. 127-132

[WECK93] Weck, M.; Bonse, R. Konstruktionskatalog zur Optimierung des thermischen Verhaltens von Werkzeugmaschinen; Teil 2: Grundlagen, Meßsysteme, Kompensationsmaßnahmen. In: Zeitschrift für wirtschaftlichen Fabrikbetrieb. Nr. 88, H. 1, 1993, S. 24-27

[WECK95] Weck, M.; Asbeck, J.; Bonse, R.; Enewoldsen, P.; Wundram, K. Gestellbauteile von Maschinen zur Hochgeschwindigkeitsbearbeitung; Anforderungen und Lösungsansätze. In: wt - Produktion und Management. Nr. 85, 1995, S. 180-187

[WECK05]	Weck, M.; Brecher, C.	Werkzeugmaschinen - Konstruktion und Berechnung (Reihe Werkzeugmaschinen Fertigungssysteme, Bd. 2). 8. Aufl. Berlin: Springer, 2005
[WECK06]	Weck, M.; Brecher, C.	Werkzeugmaschinen - Messtechnische Untersuchung und Beurteilung, dynamische Stabilität (Reihe Werkzeugmaschinen Fertigungssysteme, Bd. 5). 7. Aufl. Berlin: Springer, 2006
[WEIC81]	Weichert, L.	Temperaturmessung in der Technik (Reihe Kontakt & Studium, Bd. 9). 3. Aufl. Grafenau: expert verlag, 1981
[WEIN98]	Weinert, K.	Trockenbearbeitung und Minimalmengenkühlschmierung. Einsatz in der spanenden Fertigungstechnik. Berlin: Springer, 1998
[WEIN04a]	Weinert, K.	Dry Machining and Minimum Quantity of Lubrication (MQL). In: Proceedings of CIRP International Conference „High Performance Cutting (HPC). Aachen, Germany, 19-20 October 2004. S. 155-169
[WEIN04b]	Weinert, K.; Inasaki, I.; Sutherland, J. W., Wakabayashi, T.	Dry Machining and Minimum Quantity of Lubrication. In: Annals of the CIRP. 2004, Vol. 53/2, S. 511-538
[WEIN06]	Weinert, K.; Grünert, S.	Wärmeentwicklung beim Bohren. In: ZWF Zeitschrift für wirtschaftlichen Fabrikbetrieb. Nr. 101, H. 9. 2006, S. 500-504
[YANG99]	Yang, C. Y.	The determination of two heat sources in an inverse heat conduction problem. In: International Journal of Heat and Mass Transfer. Vol. 42, Nr. 2, 01.1999, S. 345-356
[YOKO91]	Yokoyama, K.; Ichimiya, R.	FEM temperature analysis of workpiece with shape change (shortening of CPU time by calculation involving node movement). In: JSME International Journal, Series 1 (Solid Mechanics, Strength of Materials). 1991, Vol. 34, Nr. 1, S. 30-36
[ZÄH10]	Zäh, M. F.; Maier, T.	Simulation des thermischen Maschinenverhaltens. In: ZWF Zeitschrift für wirtschaftlichen Fabrikbetrieb. Nr. 105, H. 7/8. 2010, S. 655-659
[ZANG75]	Zangs, L. W.	Berechnung des thermischen Verhaltens von Werkzeugmaschinen. Diss. RWTH Aachen, 1975

Normen

[DIN 4760] Begriffe für die Gestalt von Oberflächen. Juli 1960

Lebenslauf

Persönliche Angaben

Name, Vorname:	Macedo, Sergio
Geburtsdatum, -ort:	23.02.1973, Andradina (Brasilien)
Familienstand:	verheiratet, zwei Kinder
Staatsangehörigkeit	brasilianisch, deutsch

Schulbildung

1980 - 1987	Allgemeinbildende Schule in Andradina, Brasilien
1988 - 1991	Ausbildung zum Maschinenbau-Techniker in São José dos Campos, Brasilien

Studium

1993 - 1997	Bachelor Maschinenbau an der Universidade Federal de Santa Catarina in Florianópolis, Brasilien
1997 - 2000	Master Maschinenbau an der o.g. Universität

Wissenschaftlicher Werdegang

05/1993 - 12/1996	Studentische Hilfskraft am Laboratorium für Präzisionstechnologie der o.g. Universität
05/1999 - 10/1999	Forschungstätigkeit am Labor für Werkzeugmaschinen und Vorrichtungen der FH Südwestfalen in Soest
04/2002 - 01/2007	Wissenschaftlicher Mitarbeiter am Lehrstuhl für Werkzeugmaschinen des Werkzeugmaschinenlabors der RWTH Aachen

Weiterer beruflicher Werdegang

06/1991 - 10/1992	Maschinenbau-Techniker, Avibras Aeroespacial S.A. in São José dos Campos, Brasilien
08/2000 - 09/2001	Ingenieur Qualitätssicherung, Volkswagen do Brasil Ltda. in Curitiba, Brasilien
02/2007 - 12/2009	Projektingenieur Produktentwicklung Stabilisatoren, Mubea Fahrwerksfedern GmbH, Weißensee, TH
Seit 01/2010	Leiter der Produktentwicklung Stabilisatoren, Mubea Fahrwerksfedern GmbH, Weißensee, TH

MIX

Papier | Fördert gute Waldnutzung

FSC® C083411

Kolibri 360 GmbH
Ferdinand-Jühlke-Straße 7
99095 Erfurt, Deutschland
produktsicherheit@kolibri360.de